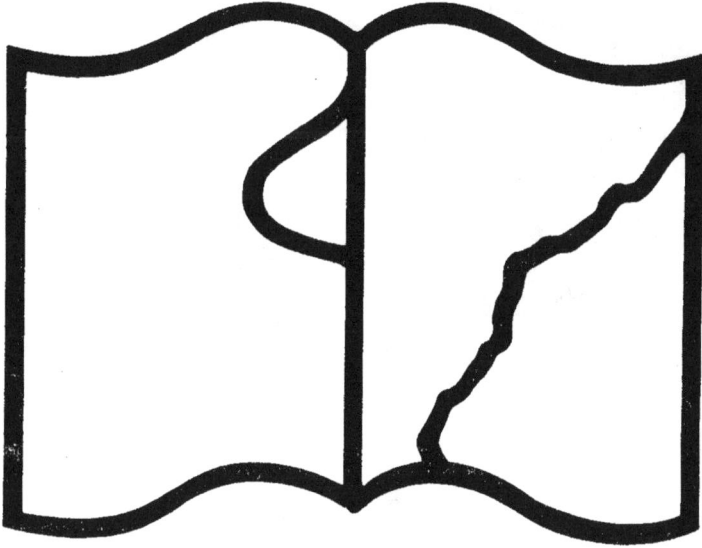

Texte détérioré — reliure défectueuse

NF Z 43-120-11

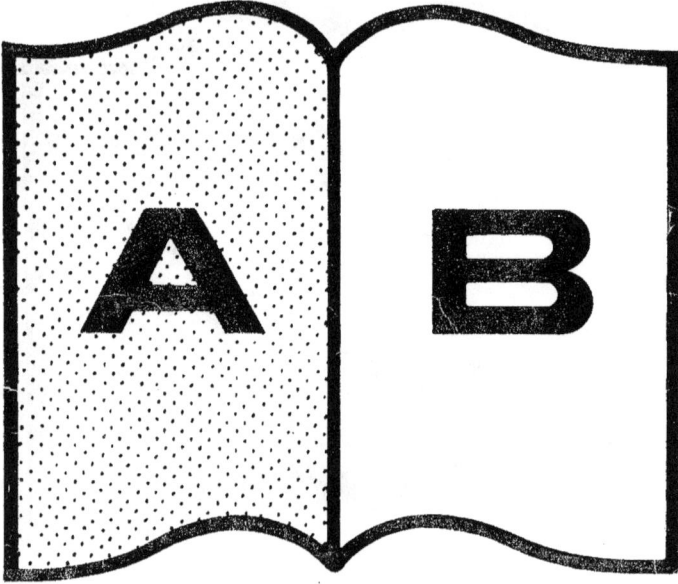

Contraste insuffisant

NF Z 43-120-14

27390

ENCYCLOPÉDIE-RORET

—

TONNELIER

ET

JAUGEAGE

MANUELS-RORET

NOUVEAU MANUEL COMPLET

DU

TONNELIER

ET DU

JAUGEAGE

CONTENANT

LA FABRICATION DES TONNEAUX

DE TOUTE DIMENSION

DES CUVES, DES FOUDRES, DES BARILS, DES SEAUX
ET DE TOUS LES VAISSEAUX EN BOIS CERCLÉS

SUIVI

DU JAUGEAGE DE TOUS LES FUTS

Par MM. PAULIN-DÉSORMEAUX et H. OTT

NOUVELLE ÉDITION

ENTIÈREMENT REFONDUE ET AUGMENTÉE

Par M. W. MAIGNE

OUVRAGE ORNÉ DE 172 FIGURES

ET ACCOMPAGNÉ DE 2 PLANCHES

PARIS

LIBRAIRIE ENCYCLOPÉDIQUE DE RORET

RUE HAUTEFEUILLE, 12

1875

AVIS

Le mérite des ouvrages de l'**Encyclopédie-Roret** leur a valu les honneurs de la traduction, de l'imitation et de la contrefaçon. Pour distinguer ce volume, il porte la signature de l'Editeur, qui se réserve le droit de le faire traduire dans toutes les langues, et de poursuivre, en vertu des lois, décrets et traités internationaux, toutes contrefaçons et toutes traductions faites au mépris de ses droits.

Le dépôt légal de ce Manuel a été fait dans le cours du mois de février 1875, et toutes les formalités prescrites par les traités ont été remplies dans les divers États avec lesquels la France a conclu des conventions littéraires.

NOUVEAU MANUEL COMPLET

DU

TONNELIER

INTRODUCTION.

L'ouvrier qui fabrique des tonneaux se nomme *tonnelier*, et l'art qu'il exerce s'appelle *tonnellerie*. Cet art n'est pas de ceux qui, chaque jour, suivent une marche progressive. Depuis longtemps, en effet, il a atteint le degré de perfectionnement auquel il était susceptible de parvenir. Nos ancêtres faisaient, à peu de chose près, les tonneaux aussi bien qu'on les fait de nos jours. Il n'y a plus à rechercher qu'à faire très-vite, et même encore, de ce côté, il ne paraît guère possible de beaucoup gagner sur les bons ouvriers. La mécanique, qui cherche à s'emparer de toutes les fabrications, est parvenue à produire des tonneaux, non pas mieux exécutés que ne le sont ceux faits par la main d'un ouvrier habile; mais elle les produit en plus grand nombre dans un espace de temps donné.

Le tonnelier ne se consacre pas seulement à la fabrication des tonneaux, il s'occupe aussi de celle de tous les vases propres à contenir des liquides, et qui sont construits d'après le même système, c'est-à-dire au moyen de bandes de bois, appelées *douves*, d'une longueur déterminée par la hauteur du vase, et d'une largeur calculée de manière que celui-ci ait une forme à peu près circulaire, plutôt qu'une forme sensiblement polygonale. Outre les futailles de toutes dimensions et de toute espèce, le tonnelier fait donc les cuves, les tonnes, les foudres, les cuvettes, les barattes, les cuviers, les seaux, les brocs, etc. Seulement, ce n'est guère que dans les ports de mer et dans les pays où la culture de la vigne est très-développée qu'il se livre exclusivement à la fabrication des futailles. Dans ces mêmes pays, ainsi que dans ceux où la préparation de la bière a lieu sur une grande échelle, il fait aussi les foudres; quelquefois même, il s'occupe d'une manière si spéciale de la confection de ces ustensiles, qu'on l'appelle *foudrier*. Partout ailleurs, le tonnelier se borne, sauf de rares exceptions, à réparer les futailles venues du dehors, et sa fabrication proprement dite ne comprend que les autres vases, tels que brocs, baquets, petits barils, etc., dont il a été question plus haut. Aussi, lui donne-t-on souvent le nom de *barilleur*.

Il semble au premier aperçu que rien n'est plus facile que la façon d'un tonneau, et cependant nous lisons dans Robinson Crusoé que son industrie se trouva en défaut lorsqu'il voulut l'entreprendre. Il vint à bout de se bâtir une maison, de se faire une table, des chaises, une barque et tous les autres ob-

jets usuels; mais un tonneau!.... ce fut là sa pierre
d'achoppement. En avançant ce fait, le romancier n'en
parlait pas au hasard. Peut-être, lui-même, avait-il
essayé et avait-il échoué; car un tonneau, comme tout
autre vase destiné à contenir des liquides, ne souffre
point d'imperfection; le moindre défaut, la moindre
fissure, le liquide fuit et le tonneau n'est bon à rien.
Une table, une chaise, une armoire, un peu mieux,
un peu moins bien confectionnées, serviront toujours;
le tonneau imparfait n'est bon qu'à être *démoli*.

Si l'on considère en effet qu'un vase composé de
morceaux qui ne sont que juxtaposés, sans assem-
blages, sans rainures ni languettes, doit cependant
être assez solide pour résister aux chocs ordinaires,
on comprendra que ce n'est qu'à force de précision
et de rectitude qu'il est possible d'obtenir cet effet.
On a vainement essayé de faire des tonneaux d'une
seule pièce. Outre qu'il serait très-difficile de trouver
des morceaux de bois assez gros et assez sains pour y
parvenir, il est prouvé que des tonneaux ainsi faits
laisseraient échapper le liquide et n'auraient aucune
solidité. Des barils à poudre, faits sur le tour, n'ont
pas empêché la poudre de s'éventer, et ne gardaient
point les liquides, parce qu'un des fonds, celui qui
faisait corps avec le baril, était en bois debout. Or, un
tonneau n'est hermétique qu'autant qu'il ne se trouve
aucun bois debout dans tout son ensemble. Si la rainure du jable n'était point exactement remplie par le
biseau des fonds, il y aurait *fuite*, parce qu'à cet endroit le liquide toucherait au bois debout.

Le tonneau composé comme il l'est maintenant est

donc ce qu'il y a de mieux, et dans la forme et dans l'agencement des parties qui constituent l'ensemble.

On ne saurait établir historiquement depuis quand on fait des tonneaux. Tout ce qu'on peut dire, c'est que cet art est très-ancien, et que l'on fabriquait déjà des vases composés de plusieurs morceaux de bois dans certains pays, tandis que, dans d'autres, on se servait d'outres faites avec des peaux de bouc, ou de grands vases de terre cuite. Toutefois, lorsqu'il s'agissait de conserver le vin, les anciens préféraient de grands vases de terre qu'ils enfouissaient en terre et qui pouvaient rester ainsi pendant de longs intervalles de temps sans être exposés à la pourriture, qui aurait promptement atteint des tonneaux mis dans une semblable position. Il paraît certain, quant aux tonneaux, que les anciens les enduisaient, à l'intérieur, de poix ou de goudron, usage qui ne s'est point conservé.

PREMIÈRE PARTIE

BOIS EMPLOYÉS DANS LA TONNELLERIE.

CHAPITRE PREMIER.

Merrains.

Le *bois de tonnellerie* ou *bois à futailles* est un bois de fente, appelé vulgairement *merrain* ou *bois douvin*, qui se travaille en forêt, parce qu'alors il est encore vert, ce qui le rend plus facile à débiter. Ce merrain est converti en *douves* qui, lorsqu'elles doivent servir à construire le corps du tonneau, se nomment *longailles*, *douelles* ou *merrains*, et qui, lorsqu'elles sont destinées à la confection des enfonçures, c'est-à-dire des fonds, s'appellent *fonds*, *fonçailles*, *traversins* ou *bois d'enfonçures*.

Si l'on ne savait pas comment se fabrique le merrain, on pourrait avoir de la peine à le distinguer des planches qui ont les mêmes dimensions. Il est pris dans le tronc de l'arbre, entre le corps de celui-ci, et en suivant les mailles avec le coutre ou la cognée, tandis que la planche est formée par deux traits de scie parallèles qui coupent les mailles. Il résulte de ces deux manières d'opérer que les variations atmosphériques n'ont aucune influence sur la largeur du merrain; elles agissent, au contraire, sur celle des planches, lesquelles se rétrécissent quand la coupe a lieu dans un temps sec, et subissent l'effet opposé dans les périodes d'humidité.

Comme la forme et la capacité des tonneaux varient suivant les pays, on fabrique des merrains dans toutes les dimensions. Toutefois, les limites des longueurs sont de 20 centimètres à 3 mètres, et celles des largeurs de 8 à 25 centimètres. Quant aux épaisseurs, elles flottent entre 2 et 11 centimètres.

Dans le commerce, le merrain assorti se compose de deux tiers de longailles et d'un tiers de fonçailles. Il se vend au *millier*, avec une certaine quantité de douves qui n'ont, en moyenne, que les deux tiers de la largeur des autres et que, pour ce motif, on appelle *tricage de longailles, de douelles* ou *de merrains*, et *tricage de fonds* ou *de fonçailles*, suivant qu'elles sont destinées à faire le corps ou les fonds des tonneaux. Mais il est à remarquer que, malgré son nom, cette unité de mesure ne contient pas 1,000 pièces; elle en renferme un nombre beaucoup plus considérable, et qui n'est pas le même pour toutes les dimensions ni pour toutes les localités; elle n'est même pas employée partout. Ainsi, par exemple, en Champagne, on vend habituellement le merrain à la *treille*, et cette appellation désigne la quantité de longailles, fonçailles et chanteaux nécessaires à la fabrication de 50 tonneaux de 200 litres chacun.

Pour faire le merrain, on choisit les arbres qui sont les plus droits et ont le moins de nœuds, en d'autres termes, qui peuvent se fendre très-facilement.

Tous les bois sont propres à être façonnés en merrain; mais beaucoup ne peuvent servir à construire

dès futailles à liquides, parce qu'ils communique-
raient à ces derniers des matières solubles qui en al-
téreraient la qualité. Ce défaut existe d'ailleurs, mais
à un degré peu élevé, même dans les bois les plus
estimés. Les espèces forestières, où il est à un très-
haut degré, ne peuvent être appliquées qu'à la confection des tonneaux destinés à contenir des marchan-
dises sèches.

Le *Chêne* est le bois de tonnellerie par excellence.
On emploie, pour faire du merrain, les parties droites
de gros arbres, qui n'ont pas une longueur et une
largeur suffisantes pour qu'on puisse les utiliser autrement. On les choisit bien mûres, très-saines et sans
aubier. De plus, il faut qu'elles soient *de fente*, c'est-
à-dire qu'elles aient le fil assez droit pour qu'il soit
possible de les diviser en planches au moyen du
coutre. Quelquefois cependant, on les divise à l'aide
de la scie; mais les douves faites avec ce bois *refendu*,
comme on dit, ne valent pas les autres. Elles sont, en
effet, plus épaisses et plus difficiles à travailler, parce
qu'elles n'ont pas été faites suivant le fil du bois, et
qu'il s'y trouve du bois *tranché*. Cette dernière circonstance a le grave inconvénient, surtout si le bois
est fortement tranché, de rendre les tonneaux moins
hermétiques, jusqu'à ce que le bois soit *étanché*, c'est-
à-dire, qu'il se soit rempli de vin qui, en séchant, ait
bouché les pores. Quand on est obligé d'employer du
bois de ce genre, il faut le cintrer en le sciant, afin
d'avoir moins de peine à faire le *bouge*, expression
qui sera expliquée plus loin.

Le merrain, comme nous l'avons dit, doit être sans

aubier, parce qu'il ferait gauchir les douves et, de plus, en favoriserait l'altération.

On donne le nom d'*aubier* à la partie du bois qui avoisine l'écorce. Sa couleur est plus pâle que celle du bois fait, et il y a des arbres où il se rencontre en plus ou moins grande abondance. La nature, à cet égard, ne suivant point une règle fixe, il est très-difficile de savoir comment et à quelle époque l'aubier se convertit en bois fait, puisque assez souvent il ne suit pas les couches concentriques, et que, par conséquent, il s'en trouve plus d'un côté de l'arbre que de l'autre, et qu'à des hauteurs diverses dans la même branche ou sur le même corps d'arbre, il y en a plus ou moins. La conversion en bois fait tient à des circonstances qui sont encore inconnues. La seule règle à suivre, c'est de retrancher l'aubier partout où il se rencontre lorsque l'arbre est abattu.

Le chêne du Canada, des Etats-Unis et des contrées septentrionales de l'Europe est celui qui cède le moins de principes étrangers au vin. C'est donc celui qui convient le mieux pour la fabrication des tonneaux destinés à contenir les vins fins et délicats. Les merrains de chêne indigène et ceux de chêne de Bosnie ne peuvent convenir que pour les futailles qui doivent recevoir les vins communs, riches en couleur et en mucilage, auxquels le tannin du bois donne les moyens de se dépouiller de la surabondance de ces principes nuisibles.

Dans les pays où le chêne manque, on peut le remplacer par tout autre bois serré, compacte et liant, pourvu qu'il ne soit pas capable de communiquer quelque mauvaise odeur au vin. C'est ainsi que, dans plusieurs pays, on emploie le *Saule* et le *Mûrier blanc*. Ailleurs, on se sert du *Hêtre* et du *Châtaignier*. On prétend même que, dans le hêtre, le vin prend un goût agréable, mais ce bois est plus sujet à être piqué par les vers, ce que l'on nomme *pertuisé*. Le châtaignier est moins sujet à ces défauts, mais il est poreux et buvard, surtout quand il est vieux, et alors il consomme beaucoup de liquide avant d'être étanché, et lorsqu'on destine les fûts à contenir de l'huile, comme cela a souvent lieu dans le Midi, il est prudent de couvrir les fonds d'une couche de plâtre, et de *poisser* les douelles à l'extérieur.

De quelque bois que soit fait le merrain, il faut toujours qu'il réunisse les conditions suivantes : qu'il soit sec et sans aubour, qu'il ne soit ni pourri, ni rongé ou vermoulu, ni pertuisé, vergé ou artisonné, ni rouge, ni gras, ni roulé.

1° *Qu'il soit sec.* Si l'on employait le bois, alors que la séve est encore dans ses pores, il serait trop mou, il s'imbiberait des liqueurs contenues dans les fûts, la pression des cercles le refoulerait, il se voilerait ; il faudrait resserrer les cercles au fur et à mesure du retrait. Le contraire a lieu quand on se sert de bois sec ; ce dernier se gonfle au contact du liquide, et, par ce moyen, la futaille s'étanche d'elle-même, se ressere et devient imperméable.

2° *Qu'il soit sans aubour.* Nous avons dit plus haut ce que c'est que l'aubour, et ce qui arriverait si l'on n'avait pas le soin de l'enlever.

3° *Qu'il ne soit ni pourri, ni rongé, ni vermoulu.*

Ces mots portent eux-mêmes leur signification. Il suffit que le bois soit *échauffé* pour être rejeté, sans attendre qu'il soit parvenu à ce point de détérioration. Or, on reconnaît que le bois est échauffé, lorsque, vu en bout, on y distingue de petites places plus blanches que le bois ordinaire, et qu'il offre un aspect picoté. Ce bois, d'ailleurs, a perdu son élasticité et casse facilement.

4° *Qu'il ne soit pas pertuisé*, c'est-à-dire *percé* par les vers. Il y a deux sortes de vers qui perforent le chêne. L'un est très-gros : c'est celui qui se convertit vers la mi-mars, en insecte rouge qui s'envole dans les premiers jours d'avril, si le temps est chaud; le bois percé par ce ver doit être mis au rebut. L'autre espèce, moins connue, ne produit que de très-petits trous. Le bois, lorsqu'il n'en est pas trop traversé, peut être admis à la condition que le tonnelier bouchera ces trous, car ils seraient suffisants pour occasionner des fuites. Pour les boucher, lorsqu'il s'en rencontre, il se sert des épines du prunellier, qui remplissent très-bien cet office.

5° *Qu'il ne soit ni vergé* ou *vergeté, ni artisonné, ni rouge.* Dans certaines parties de forêts, les planches de chêne offrent sur leur superficie des veines de différentes couleurs. Quand le bois prend une couleur rouge marbrée, c'est une preuve de mauvaise qualité. Ce bois employé ne dure pas aussi longtemps qu'un autre. Il se charge d'humidité et pourrit promptement. On croit que ce défaut est plus commun dans les bois abattus en retour, et l'on sait que le chêne atteint ce terme plus promptement dans certaines forêts que dans d'autres. Comme cet état du bois est un commencement de décomposition et qu'il peut donner un mauvais goût au vin, les anciennes ordonnances le proscrivaient absolument. On tolérait seulement la douelle du bondon, qui pouvait sans grave inconvénient être faite avec ce bois.

6° *Qu'il ne soit pas gras.* Le bois gras provient d'arbres encore plus avancés dans leur retour que dans le cas précédent. La couleur en est tendre, les fibres en sont non liées. Les tonneliers sont bien quelquefois obligés de l'employer faute de pouvoir s'en procurer d'autre; mais il ne produit jamais bon effet, et même, s'il est par trop gras, non-seulement il laisse perdre le vin, mais il est sujet à se tourmenter et à *s'épeigner*, c'est-à-dire à se rompre dans le jable.

7° *Qu'il ne soit pas roulé* ou *roulis.* On nomme *roulé* un bois dont les couches concentriques n'ont plus entre elles la même adhérence que lorsque le bois était dans toute sa vigueur. L'âge n'est pas une cause absolument déterminante de cette maladie; certains bois en sont affectés longtemps avant l'époque de leur maturité. Dans ce cas, la substance médullaire qui se trouve dans les couches ligneuses concentriques est fongueuse, spongieuse; et, lorsque le bois est sec, elle perd toute sa ténacité. On comprend bien que ce bois ne peut être employé.

Ainsi que nous l'avons dit, le *traversin* est le bois qui sert à faire les fonds. Il est plus court et moins régulier que celui des douves; mais il doit être de même nature et avoir les mêmes qualités.

On peut facilement concevoir, d'après ce qui précède, comment une partie des bois employés à faire les futailles est susceptible de gâter le vin qu'elles renferment. Mais il est certain bois sur lequel on ne voit aucune des marques que nous venons de désigner comme indiquant un mauvais bois, et qui néanmoins employé à faire des tonneaux gâte en très-peu de temps le vin qu'on y loge, ou bien communique à la liqueur un goût qu'on est convenu de nommer *goût de fût*, qui lui ôte la vente et qui, quelquefois, la détériore tellement, qu'elle n'est plus bonne qu'à être *brûlée*, c'est-à-dire convertie en eau-de-vie, ou bien à être transformée en vinaigre.

On ne connaît point de signes extérieurs qui puissent faire reconnaître ce défaut caché; et celui-là rendrait un service signalé à l'agriculture et au commerce qui trouverait le moyen de le reconnaître. Jusqu'à présent, personne n'y est parvenu, et le tonnelier le plus expérimenté a vu souvent son tact et son expérience mis en défaut.

Il n'est pas rare, entre un grand nombre de pièces sorties des mains d'un même ouvrier instruit et consciencieux, d'en voir plusieurs dans lesquelles le vin prend un goût de fût et se gâte très-promptement, tandis qu'une partie du même vin, extraite de la même cuvée, déposée dans le même endroit, les tonneaux interposés, nou-seulement ne prend pas le goût de fût, mais conserve sa qualité.

C'est une chose singulière et difficile à expliquer. Probablement, une ou deux douelles de ce bois impropre suffisent pour infecter le tonneau, et tous ceux qui ne sont pas faits d'un bois absolument sain contractent ce goût.

Les anciennes ordonnances n'étaient donc pas parfaitement justes lorsqu'elles mettaient ce goût de fût à la charge du tonnelier, puisqu'il avait été reconnu que, dans le cas qui nous occupe, il n'avait aucun moyen d'en préserver ses futailles. Malgré cela, il était déclaré responsable des dommages arrivés aux vins renfermés dans les pièces de ce genre, et il était obligé de reprendre toutes celles qu'il avait livrées, et, en même temps, de payer à qui de droit la valeur du vin avarié.

Les pièces reconnues communiquer le goût de fût, doivent être mises de côté, et le bois doit en être brûlé, à moins qu'il ne soit employé pour seaux et autres vases non destinés à contenir et à conserver le vin; car on ne connaît point de moyens propres à lui faire perdre cette mauvaise qualité. Ce bois gâterait le vin qu'on y mettrait une seconde fois, à moins cependant que la douve infectée fût ôtée lors d'un nouveau bâtissage; mais comme aucun signe ne peut faire reconnaître cette douve ou ces douves, il est plus prudent de mettre tout le fût au rebut.

L'exemple qu'on cite de M. Duhamel qui a fait faire deux tonneaux avec un bois rebuté par les tonneliers, tonneaux dans lesquels on a fait bouillir du vin nouveau, et qui n'ont communiqué aucun mauvais goût à ce vin, n'est pas en contradiction avec ce que nous venons de dire. Il prouve seulement que, par un excès de précaution louable, les tonneliers avaient rebuté du bon bois; mais il ne s'ensuit pas qu'un bois reconnu

pour avoir une fois donné le goût de fût, a pu être
employé impunément une seconde fois. Le fait de
Duhamel vient, au contraire, à l'appui de notre opinion, que les tonneliers les plus expérimentés sont
sujets à se tromper, malgré toute leur attention,
puisqu'ils ont rebuté du bon bois, tandis que peut-
être ils en auront admis qui aura donné le goût de
fût.

Quand le tonnelier a examiné bien attentivement
son merrain et son traversin, qu'il n'y a reconnu aucun des défauts que nous avons signalés plus haut,
il essaie son bois par un moyen mécanique qui
consiste à frapper fortement avec une douelle à plat
sur l'angle d'une pierre, d'une enclume, ou sur les
mâchoires de son étau. Si le bois se casse net ou à
peu près net en travers, il ne vaut rien; mais s'il se
déchire dans le sens de sa longueur, s'il vole en
éclats écharpés, il doit être réputé bon. Après cela,
c'est le sort qui décide : il a fait tout ce qu'il pouvait
faire pour s'assurer de la bonne qualité de la matière
première.

Quelques mots maintenant sur les lieux d'où la
tonnellerie française tire ses merrains, spécialement
ceux de chêne qui, ainsi que nous l'avons dit, constituent le bois à futailles par excellence. Ces bois viennent :

1º De la Russie et des parties septentrionales de
l'Allemagne. Les merrains de cette provenance sont
désignés, d'une manière générale, sous le nom de
merrains du Nord. On les appelle aussi *merrains de
Dantzig, de Riga, de Memel, de Stettin* ou *de Lubeck*,

suivant qu'ils sont expédiés de l'un ou de l'autre de ces ports;

2° De plusieurs parties de l'Amérique du Nord, presque exclusivement du Canada et des Etats-Unis. Les merrains de cette provenance portent le nom de leur pays d'origine, et sont expédiés par tous les ports de l'Atlantique, depuis la Nouvelle-Orléans jusqu'au golfe de Saint-Laurent;

3° De la partie méridionale de l'empire d'Autriche et de plusieurs provinces de la Turquie septentrionale. Les merrains de cette provenance sont connus, dans le commerce, sous le nom de *merrains* ou *bois de Bosnie*. Ils nous arrivent de Trieste et de quelques autres ports de l'Adriatique;

4° Des forêts de notre propre sol. Les merrains de cette provenance sont désignés sous le nom de *flèche garnie*. Ils sont fournis principalement par les Vosges, le Périgord, la Bourgogne et l'Angoumois.

Indépendamment des qualités que présentent les merrains de ces divers pays, et dont nous parlerons tout à l'heure, ils en ont d'autres qui ne rendent pas leur choix indifférent.

Ainsi, les bois du Nord sont, non-seulement les plus chers, mais encore ceux dont les douves ont le moins de largeur. D'après cela, une barrique faite avec eux coûte plus que si elle était fabriquée avec du bois des autres provenances. En outre, elle contient plus de 228 litres, quoiqu'elle ne velte qu'à 0m.72.

Les merrains d'Amérique sont d'un prix moins élevé que les précédents; mais ils sont étroits, irréguliers, beaucoup plus épais sur une tranche que sur l'autre, en sorte qu'à la fabrication ils donnent beaucoup de déchet. De plus, ils sont très-sujets à être attaqués par les scolytes.

Les merrains de Bosnie sont moins chers que ceux du Nord, réguliers, d'une belle épaisseur et d'une bonne largeur. Ils peuvent souvent être dédoublés par la scie dans le sens de l'épaisseur, et chaque moitié forme encore une douve suffisamment forte. Ces circonstances les rendent très-avantageux. Aussi, en fait-on un très-grand usage.

Quant aux merrains fournis par les forêts du pays, on leur reproche d'être généralement très-irréguliers. En outre, ils proviennent d'arbres souvent mal émondés et atteints de maladies. Pour ce dernier motif, ils ne conviennent pas pour la confection des tonneaux destinés à loger des vins précieux.

Tous les bois qui précèdent contiennent les mêmes principes, mais dans des proportions qui varient suivant les lieux d'origine. Il y a plus, c'est que ceux de ces principes qui sont solubles peuvent exercer une action notable sur les liquides, action qui est plus appréciable sur les vins blancs que sur les vins rouges, et, parmi ces derniers, sur les vins légers et délicats que sur les vins colorés, corsés et communs. A ce point de vue, dans le Bordelais, on classe ainsi les bois de tonnellerie : au premier rang, les merrains du Nord, au second les merrains de Bosnie, au troisième les merrains d'Amérique, enfin au quatrième les merrains du pays; on se garderait bien de loger des vins délicats dans des tonneaux faits avec ces derniers.

Il y a quelques années, un chimiste a essayé de prouver qu'il y aurait de grands avantages à n'employer, pour la fabrication des futailles, que du bois flotté et dépouillé, par un long séjour dans l'eau, de tous ses principes solubles. Mais on a fait remarquer à ce sujet qu'ici, comme en tant d'autres choses, l'expérience enseigne que le meilleur merrain est celui qui possède toutes ses qualités virginales. Il cède au vin et il lui emprunte, et il résulte de ce mariage de telles modifications que le vin s'améliore beaucoup plus vite dans une barrique neuve de bois non flotté que dans une barrique de bois flotté.

§ 2. DESSÈCHEMENT DU BOIS.

Dans toute construction, rien n'est plus important que de donner au bois le degré de dessiccation convenable. Lorsqu'il n'a point atteint ce degré, il doit se détériorer très-promptement et, en se contractant, rendre les constructions imparfaites. Autrefois, en Angleterre, le bois était empilé sur des terrains en pente, pavés avec des pierres plates où l'on avait pratiqué des rigoles pour l'écoulement des eaux de pluie. Afin de prévenir toute végétation dans les intervalles des pierres, on les couvrait avec des cendres de forge. De plus, on élevait les premières rangées au-dessus du sol par des cales ou poutres de bois sec d'environ 30 centimètres, sur lesquelles elles reposaient, et, afin de faciliter la circulation de l'air, chaque rangée était soutenue par des pièces de bois de la même espèce, mais de moindres dimensions. Des toits provisoires mettaient cet arrimage à l'abri des injures du temps. On plaçait à part, d'après le même arrangement, les bois travaillés pour les bâtiments dont la construction était ordonnée, et, comme il sèche plus vite quand il est gabarié, que lorsqu'il est brut ou travaillé sur le droit, il était parfaitement desséché au moment où on le mettait en œuvre. Aujourd'hui, on suit encore la même méthode, sauf que les premiers lits reposent sur des supports en pierres ou en fonte de fer.

Quand les arbres sont abattus, on peut dire qu'ils commencent à sécher. Ils doivent être placés sur des cales, afin d'être élevés au-dessus de la terre ou de l'herbe; car rien ne leur fait plus de tort que d'être d'un côté desséchés par une exposition incomplète au soleil et à l'air, et de l'autre d'être humectés par les exhalaisons de la terre.

On s'est beaucoup occupé de la manière de conserver le bois; les uns ont proposé de le laisser dans son état brut, les autres de le travailler sur le droit, d'autres enfin de le façonner entièrement. La première de ces propositions est sans doute la meilleure si le bois est exposé aux vicissitudes des saisons, et s'il y a un assez grand approvisionnement pour qu'on puisse le garder de trois à cinq ans. Mais les deux dernières sont préférables, si on le conserve dans un lieu abrité ou si la nécessité oblige de le mettre en œuvre à une époque peu reculée, attendu que le dessèchement sera plus rapide.

L'empilage des bois est une considération de la plus haute importance. Les bois empilés avec soin ont une plus grande durée que ceux pour lesquels on ne prend pas les mêmes précautions. Les piles doivent être abattues et formées de nouveau une fois par an. Les pièces qui étaient dans la partie supérieure doivent être rangées dans le bas, et toutes doivent être changées de côté. Il faut couper les parties où se trouvent des nœuds et autres défauts, et ne pas négliger de ranger les pièces verticalement lorsqu'on le peut, attendu qu'elles sécheront mieux ainsi que dans la position horizontale. Une autre précaution, c'est d'éviter de les mettre en contact, et d'avoir soin de les tenir à l'abri de toutes les alternatives du soleil brûlant, qui sépare leurs fibres, et des eaux pluviales, qui remplissent d'humidité les espaces ainsi formés. Dans tous les cas, il faut éviter avec soin que le bois ne soit frappé par un vent violent, qui le ferait fendre en absorbant l'humidité avant que les fibres fussent suffisamment consolidées.

Les terrains élevés sont préférables pour l'emplacement des piles de bois, attendu que le dessèchement serait retardé et la qualité détériorée par les vapeurs humides, et surtout par les miasmes qui s'élèvent dans les endroits marécageux.

Il a été souvent d'usage de plonger le bois dans l'eau douce ou dans l'eau salée, soit pour l'empêcher de se fendre, soit pour prévenir la corruption de la séve, soit enfin, selon quelques personnes, pour en faciliter le dessèchement par la dissolution de cette dernière substance.

L'immersion du bois dans l'eau peut être commandée par diverses causes, suivant les différentes localités. Ce procédé les empêche de se fendre dans les

pays chauds, les met à l'abri des vers et les protège
contre l'injure du temps dans les pays où il est très-
variable. Les Vénitiens, probablement à cause de la
chaleur du climat, plongeaient leurs bois de chêne
dans l'eau salée.

L'eau douce pénètre le bois bien plus promptement
que l'eau salée; car, dès qu'on peut le regarder comme
saturé de la première, il ne tardera pas à absorber une
quantité considérable de la seconde. Si, par l'immersion, on se propose la saturation des bois, ou la ma-
cération de leurs fibres portée à un assez haut degré,
l'eau douce est préférable, attendu que le sel se fixera
jusqu'à un certain point à la séve; l'eau courante est
également préférable à l'eau stagnante.

C'est à tort qu'on espère saturer complétement de
grandes pièces jusqu'à leur centre; car on a vu de
très-petits cubes, ceux de 25 centimètres par exemple,
plongés dans l'eau douce, augmenter de pesanteur
pendant un grand nombre de mois. Le printemps est
la saison où il convient de mettre les bois dans l'eau,
afin que la température de ce fluide augmente graduellement avec la chaleur de l'été. Pendant quelque
temps, ils semblent produire de petits bouillonnements
d'air, et après y être restés quelques jours, ils se cou-
vrent d'une matière visqueuse, engendrée probablement par la dissolution de quelques-unes de leurs parties.

L'immersion affaiblit considérablement le bois. Celui d'une excellente qualité, après avoir séjourné
quelque temps dans l'eau, devient, pour l'extérieur
et pour la force, semblable à celui qui n'a pas été

plongé, mais qui, dans l'origine, était d'une qualité inférieure.

Le chêne absorbe plus d'eau par l'immersion que tout autre bois, et augmente de pesanteur suivant sa qualité, sa taille et le degré de dessèchement auquel il était parvenu, ou selon qu'il a été mis dans l'eau salée ou dans l'eau douce. Néanmoins, l'augmentation de poids peut s'évaluer, dans le bois sec, à environ un sixième, et dans le bois entièrement vert, à un treizième au plus.

Il résulte de nombreuses expériences :

1° Que le bois sèche mieux en demeurant deux ans et demi à couvert, qu'en demeurant six mois dans l'eau et deux ans à l'air, abrité de la pluie et du soleil;

2° Qu'il perd plus lorsqu'il se dessèche en restant exposé pendant six mois d'immersion, tantôt au sec, tantôt à l'humidité, qu'en séjournant toujours sous l'eau;

3° Que, dans tous les cas, la perte d'humidité est plus grande dans un temps donné, lorsque le bout répondant à la souche est placé en bas.

Le temps nécessaire pour donner au bois le degré de dessiccation qu'il doit acquérir avant d'être mis en œuvre, dépend de sa densité, de la situation dans laquelle on l'a maintenu, de la manière dont on l'a conservé, et de l'état où il se trouvait, soit qu'il fût brut, travaillé sur le droit, ou entièrement préparé. Cependant, en principe général, aucune espèce de bois ne devrait être travaillée avant trois ans d'abattage. C'est le comble de l'erreur que de croire qu'à cause de la détérioration d'une partie des pièces mises en réserve, en ne considérant l'intérêt du capital déboursé, il est économique de laisser dessécher moins de trois ans. Quel que soit le montant de ce capital, les dépenses sont largement compensées; car si les bois, en se desséchant, se détériorent et laissent paraître quelque vice radical, il est évidemment plus avantageux de s'en servir alors que d'employer du bois qui serait en pourriture peu de temps après avoir été mis en œuvre.

Le bois ne doit être considéré comme sec que lorsqu'il est parvenu au point de pouvoir devenir hygrométrique, en pesant plus ou moins, selon l'humidité ou la sécheresse de l'atmosphère. Le beau bois de chêne, abattu en été, perd environ un tiers de sa pesanteur, s'il est mis à couvert avant d'avoir atteint ce degré de dessiccation, et celui qui a été abattu en hiver perd un peu plus. On a conservé, dans une chambre chaude du palais de Sommerset, deux pièces de bois de 3 décimètres carrés chacune, coupées à 1 mètre environ de la racine, de deux arbres tirés de la même forêt. L'abattage eut lieu le 15 novembre 1791. L'un fut coupé avec son écorce, l'autre avait été écorcé le printemps précédent.

Les expériences produisirent les résultats suivants :

		avec écorce,	écorcé,
Pesanteur au moment de l'abattage.		62.0	68.0
	30 janvier 1792,	— 49.0,	— 53.50
	20 septemb. 1796,	— 37.0,	— 41.5625
	29 janvier 1799,	— 37.0,	— 41.50
	décembre 1803,	— 36.50,	— 41.0 62

A dater de cette dernière époque, ces pièces continuèrent à peser un peu plus ou un peu moins, suivant l'état de l'atmosphère.

Il est à remarquer que l'arbre écorcé était d'un grain beaucoup plus serré que l'arbre revêtu de son écorce, et, en comparant les cercles annuels, on trouva que sa croissance avait été beaucoup moins rapide.

Deux pièces de bois de chêne, de 3 décimètres carrés chacune, furent coupées du côté de la souche dans certains arbres abattus dans le Sussex : le bois était d'un grain très-serré. L'une de ces pièces fut placée dans une chambre où l'on allumait du feu par intervalle, l'autre fut exposée aux vicissitudes de l'air. Les résultats suivants eurent lieu :

Pesanteur	1 avril 1801,	renfermée,	70.46876,	à l'air,	72.265625
au	1 juill. 1801,	—	56.25,	—	61.625
moment	1 avril 1802,	—	48.625,	—	59
de l'abattage.	1 juill. 1803,	—	45	—	55.53125

Ces expériences n'eurent point de suite.

Le chêne sec, d'après Rumfort, contient un quart d'eau de son poids ; le chêne très-vieux en contient au moins un sixième. Les anciens employaient la fumée et la chaleur artificielle pour sécher leur bois. Le dernier de ces moyens a été fréquemment recommandé.

Il y a quelques années, on a proposé d'établir des fours pour le dessèchement du bois : cette idée ne fut pas mise à exécution, on craignit que la grande chaleur ne le fît fendre.

Le docteur Wollaston prétend qu'il est très-probable qu'un haut degré de chaleur suffirait pour détruire dans le bois toute tendance à dégénérer en pourriture sèche.

Fourcroy recommande également de faire sécher le bois dans des fours, afin d'augmenter sa durée.

Pallas, en 1779, proposa ce qui suit pour hâter le dessèchement des bois : il conseillait de choisir dans les forêts les endroits les plus exposés aux rayons du soleil et situés sur un plan incliné, et de les paver avec des cailloux ou des pierres brutes : ces endroits disposés de la sorte, devaient, ainsi que le bois qu'on y eût placé, être couverts à 55 millimètres environ de leur surface, avec du sable ou du gravier fin, qu'on eût enlevé lorsque le bois eût été parfaitement sec. Si le bois devait être mis en œuvre dans un bref délai, il fallait élever la température du bain de sable par des poêles placés sous le pavé. L'auteur prétendait avoir séché rapidement des bois de grande dimension par cette méthode sans qu'il s'y fût fait la moindre fente ou déchirure. Il ajoutait que l'aubier des bois qui avaient été écorcés au printemps et abattus en hiver, était changé en cœur après avoir subi ce procédé.

Si l'on juge convenable d'employer la chaleur artificielle, il faut la régler ; car, pour peu qu'elle s'élève au-dessus de 130 degrés centigr., l'hydrogène et l'oxygène se combinent et forment de l'eau, le bois s'affaiblit, et, si la chaleur continue, il finit par se carboniser.

Le chêne qui a été séché par des moyens artificiels, attire et absorbe l'humidité de l'atmosphère: On mit pendant quelques jours du bois très-sec dans un four qui fut maintenu à 38 degrés centigrades. Sa pesanteur diminua beaucoup; mais, après avoir été exposé, pendant quelque temps, sous un hangar, à l'influence de l'air, il absorba une quantité d'humidité suffisante pour revenir au degré de pesanteur qu'il avait avant d'être soumis à ce haut point de chaleur.

Il est bon de remarquer que tout bois qui n'est pas imprégné de la quantité d'humidité convenable perd sa ténacité, se sépare aisément fibre par fibre, et finit par devenir friable entre les doigts lorsqu'il est parvenu à une entière sécheresse.

Le chêne sèche plus ou moins vite et plus ou moins complétement, selon les rapports entre les surfaces exposées et les volumes des pièces; mais l'évaporation des tubes longitudinaux est bien plus grande que celle des tubes latéraux.

D'après un examen attentif de ce qui concerne les bois, la meilleure manière de les dessécher et de prévenir leur dépérissement pendant cette opération, semble être de les tenir à l'air dans un état d'humidité modérée, et de les mettre à l'abri de la pluie et du soleil au moyen d'un toit, élevé à une hauteur suffisante pour empêcher, conjointement avec le secours de quelques autres moyens, qu'ils ne soient frappés par un courant d'air trop rapide.

Une expérience a prouvé la justesse de cette opinion d'une manière incontestable. Vers le milieu de l'année 1814, on forma une pile de bois dans l'arsenal de Deptfort. Elle fut élevée selon la méthode suivante : seize piliers en briques avec des chapiteaux de pierre étaient placés en quatre rangées, sur une aire

Tonnelier.   2

pavée et formant un plan incliné pour l'écoulement
des eaux de pluie. Ces chapiteaux avaient 1 mètre de
hauteur sur 2 mètres de séparation. Sur chaque pilier
on mit deux saumons de fer qui, ayant 0^m.162 carrés
et près de 1 mètre de longueur, donnèrent 1^m.324 d'é-
lévation aux supports. Sur ceux-ci on plaça, en guise
de cales, des pièces de bois de chêne travaillées sur
le droit, qui étaient croisées par d'autres pièces, avec
une très-grande séparation entre chacune, et par ce
mode d'arrimage la pile eut quelques rangs de hauteur. Le bois resta dans cet état jusqu'au mois de juin
1820, l'espace de cinq ans; à cette époque il fut enlevé pour être mis en œuvre. Quoiqu'il fût un peu
déchiré, il semblait très-sain à l'extérieur; mais tout
l'intérieur, lorsqu'on y mit l'outil, fut trouvé plus
ou moins détérioré, excepté dans les endroits où les
pièces avaient été croisées. Le cœur des diverses pièces
ressemblait à l'aubier tendre et spongieux; mais on
ne découvrit aucune apparence de champignons,
soit au dedans, soit au dehors. Il paraît certain que
l'influence de l'air ferma rapidement les vaisseaux
extérieurs du bois, et empêcha de la sorte l'évaporation des sucs qui, étant en assez grande quantité pour
produire la fermentation, le décomposèrent.

§ 3.   CONSERVATION DU BOIS.

La durée du bois de teck, de l'ébénier, du gayac et
de quelques autres bois, a provoqué l'examen des
parties qui les composent et des propriétés auxquelles
cet effet peut être attribué. On a ainsi reconnu qu'ils

abondent généralement en matières oléagineuses et résineuses qui, étant insolubles dans l'eau, résistent à ses effets et préviennent toute décomposition. Cette circonstance a fait naître l'idée d'imbiber ou de recouvrir les bois de diverses substances supposées ou réellement antiseptiques dans l'espoir d'en prolonger la durée en les mettant, pendant un temps plus ou moins long, à l'abri des diverses causes de destruction auxquelles ils sont exposés. Ce problème n'intéressant pas directement la tonnellerie, nous ne donnerons pas l'analyse des très-nombreux essais qui ont été exécutés, dans presque tous les pays, pour le résoudre. Nous dirons seulement que, jusqu'à présent, c'est en injectant les bois avec une dissolution de sulfate de cuivre, que les effets les plus satisfaisants et les plus économiques ont été obtenus **(1)**.

CHAPITRE II.

Cercles et Cerceaux.

Les *Cercles* et les *Cerceaux* sont les liens avec lesquels le tonnelier maintient les douves des différents vases qu'il fabrique. En général, on se sert de la première de ces expressions pour désigner les liens des vaisseaux de grande dimension, comme les cuves, les cuviers, etc., et l'on réserve la seconde à ceux des pièces d'une capacité inférieure.

(1) On trouvera la description de ce procédé et de beaucoup d'autres dans le *Manuel du Charpentier*, qui fait partie de cette Collection.

Il y a des cercles et des cerceaux de bois et de fer, mais ceux de bois sont les plus usités. Tous les bois pliants sont propres à les fabriquer. Mais, en général, on choisit le châtaignier pour les futailles ordinaires, et l'on emploie le chêne, l'orme et le charme pour les grandes pièces. Le frêne et l'érable en fournissent également d'excellente qualité, tandis que ceux de bouleau, de saule, de peuplier et d'aulne sont d'un mauvais service. Le coudrier et le mûrier sont quelquefois utilisés, surtout ce dernier, à cause de sa grande flexibilité, pour faire des cerceaux de petits barils.

Quoique le tonnelier achète les cercles tout faits, nous dirons cependant quelques mots de la manière dont on les fabrique.

L'ouvrier emploie de jeunes taillis dont les pousses sont coupées tous les dix à douze ans. Après avoir réduit son bois à la longueur convenable, il le fend par le milieu avec le coutre et la mailloche, puis, plaçant chaque demi-latte sur un établi ou chevalet d'une construction spéciale, il la façonne avec une plane, du côté où la séparation a eu lieu, et de manière à lui donner une égale épaisseur d'une extrémité à l'autre.

Quand chaque demi-latte a reçu cette première façon, l'ouvrier la plie insensiblement en la faisant entrer dans une rainure pratiquée à cet effet sur la partie supérieure du chevalet, après quoi il la place, avec plusieurs autres, dans le *moule,* où elle achève de prendre la forme circulaire.

Ce qu'on appelle le *moule* est un assemblage de

quatre fortes solives qui se réunissent par leur milieu et sont reliées entre elles par des traverses. Vers le bout de ces solives sont entaillées des mortaises, dans lesquelles sont fixés de petits montants verticaux. Le moule se place horizontalement sur le sol, et c'est entre les pièces verticales que l'ouvrier met les cercles, et où il les laisse jusqu'à ce qu'ils aient atteint la forme qu'ils doivent avoir.

On achète les cercles et les cerceaux en *rouelles*, *meules* ou *bottes*, composées chacune d'un nombre de cercles ou de cerceaux qui varie suivant la grosseur de ces derniers, et aussi suivant les usages locaux.

En général, les cercles de cuve se vendent par paquets de six : c'est ce qu'on appelle un *sixain*.

Les cerceaux ordinaires sont habituellement liés quatre par quatre l'un dans l'autre, et l'on donne à ce groupement le nom de *rangée*. Six rangées font une *rouelle*, c'est-à-dire une réunion de vingt-quatre cerceaux, six rouelles forment une *pile*, c'est-à-dire une réunion de cent quarante-quatre cercles, et sept piles constituent un *millier*. Ce dernier contient donc, en réalité, mille huit cercles; mais, dans les usages du commerce, on ne le compte que pour mille.

Quelles que soient leurs dimensions, les cercles et les cerceaux doivent être garnis de leur écorce, ni vermoulus, ni trop cassants. Dans les forêts où on les fabrique, quand ils sont mis en meules, on les couvre de broussailles ou de copeaux, afin qu'ils se conservent souples et ne deviennent pas trop secs. Pour les mêmes raisons, le tonnelier est obligé de les emmagasiner dans un endroit frais.

CHAPITRE III.

Osier.

C'est avec de l'*Osier* que le tonnelier lie les cercles et les cerceaux. On désigne sous ce nom plusieurs espèces de saules que l'on cultive en buissons pour en appliquer les brins à la tonnellerie et à la vannerie.

La variété appelée *osier rouge* ou *osier des vignes* est celle qui convient le mieux aux tonneliers.

Chaque année, au moment où la séve commence à monter, on coupe les jeunes pousses, et on en fait des *mottes*, des *bottes* ou des *torches*, composées habituellement de cent cinquante brins d'un mètre à un mètre et un tiers de longueur (fig. I).

Quelquefois, l'osier est vendu tel qu'il a été récolté, et ce sont les tonneliers qui se chargent de le fendre; mais, très-souvent, les producteurs ne le livrent au commerce qu'après l'avoir eux-mêmes divisé en deux, trois ou quatre parties, suivant les usages

Fig. I.

locaux ou suivant l'emploi particulier auquel on le destine.

Dans tous les cas, l'opération de la fente se fait partout de la même manière. On prend d'une main le scion d'osier par le petit bout, et, de l'autre main, qui est armée d'un petit couteau à lame courte et un peu recourbée, on le partage en deux, trois ou quatre parties égales, longues de 3 ou 4 centimètres seulement, et disposées de façon qu'elles rayonnent toutes au centre. Alors, avec les doigts, on force chaque brin à commencer à se déchirer, puis on continue et achève leur séparation au moyen d'un instrument nommé FENDOIR. Cet instrument (fig. II) est un bâtonnet cylindrique de bois dur ou d'ivoire, dont une extrémité, qui est conique, est partagée en trois ou quatre parties, suivant qu'on veut fendre en trois ou en quatre, par des sillons ou cannelures, partant du sommet du cône et se perdant à la base. Ces sillons sont destinés à recevoir les trois ou quatre parties du brin d'osier,

Fig. II.

et les angles qu'ils forment au sommet ont pour objet d'opérer la division de la branche en ligne droite.

Quand le fendoir a pénétré entre les parties du brin, on n'a plus qu'à pousser celui-ci sur le tranchant de l'instrument, qu'on maintient ferme dans la main gauche, et la séparation des trois ou quatre parties se fait régulièrement jusqu'à l'extrémité du scion.

Comme les cerceaux, l'osier doit avoir toute son écorce. On le conserve dans une cave ou dans un endroit frais. De plus, quelques heures avant de l'employer, on le fait tremper dans l'eau pour qu'il devienne plus souple.

DEUXIÈME PARTIE

L'ATELIER ET L'OUTILLAGE.

CHAPITRE PREMIER.

Atelier.

L'atelier du tonnelier doit être vaste et bien éclairé. Il doit, en outre, être accompagné d'un ou plusieurs hangars et de vastes magasins fermés. Les hangars servent à recevoir les approvisionnements de bois. On est aussi dans l'usage d'y exécuter certains travaux pour lesquels l'atelier proprement dit n'offrirait pas un espace suffisant. Quant aux magasins qui, autant que possible, doivent être situés au rez-de-chaussée, ils sont principalement destinés à abriter les bâtis au fur et à mesure de leur montage. C'est, en effet, un usage assez ordinaire, de ne faire les fonds des futailles qu'en dernier lieu, c'est-à-dire qu'après que les douves d'un certain nombre d'entre elles ont été assemblées e reliées en partie, et ces tonneaux commencés demandent à être mis à l'abri de l'humidité et de la grande sécheresse.

CHAPITRE II.

Outillage.

Le tonnelier proprement dit, c'est-à-dire l'ouvrier qui fait exclusivement les futailles, n'a pas besoin d'un outillage bien compliqué; mais il n'en est pas de même de celui qui, comme cela existe dans les petites villes, s'occupe également de la fabrication et de la réparation des autres vases dont nous avons parlé dans l'introduction. Indépendamment des outils propres à sa profession, ce dernier emprunte au menuisier des varlopes, des rabots, des riflards, des affûtages de divers genres, etc. Il emprunte aussi une petite forge au forgeron, ainsi que des bigornes, des bigorneaux, des limes, des cisailles, etc.

Les outils qu'emploie le tonnelier peuvent être divisés en neuf groupes, qui comprennent :

Le premier, les outils propres à assurer et maintenir les pièces qu'on veut travailler;

Le second, les outils servant à débiter;

Le troisième, les outils servant à corroyer;

Le quatrième, les outils servant à creuser;

Le cinquième, les outils servant à percer;

Le sixième les instruments servant à mesurer;

Le septième, les instruments servant à tracer;

Le huitième, les outils servant à assembler;

Et le neuvième, des outils propres à différents usages et ne pouvant être placés dans les catégories précédentes.

§ 1. OUTILS SERVANT A ASSURER ET SOUTENIR LES PIÈCES A TRAVAILLER.

Les outils que le tonnelier emploie pour assurer et soutenir les bois qu'il veut travailler sont : le *chevalet* ou *selle à tailler*, l'*écorchoir* ou *écorçoir*, la *selle* ou *chaise à rogner*, le *sergent* ou *serre-joint*.

1° *Chevalet*.

Le CHEVALET (fig. III), appelé aussi SELLE ou CHAISE A TAILLER, consiste en une espèce de banc surmonté

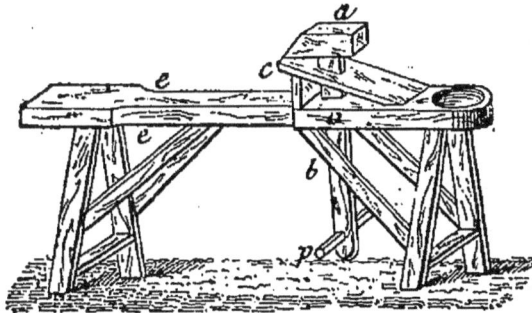

Fig. III.

d'un étau de bois dit *pince* ou *serre*, au moyen duquel l'ouvrier maintient la planche qu'il veut planer ou tailler. Ce banc est mobile. Il n'est pas exclusivement en usage dans l'atelier du tonnelier, car on l'emploie aussi dans d'autres professions ; mais, si l'on en juge par le parti qu'en tire la tonnellerie, on peut admettre que c'est à elle que les autres industries l'ont emprunté. Quoi qu'il en soit, c'est un appareil très-bien entendu, qui fait étau et facilite singulièrement le travail.

Nous venons de dire que la Selle à tailler se nomme également *chevalet*. Ce nom lui vient de ce que l'ouvrier s'assied à cheval dessus lorsqu'il plane sur cet établi. Sa longueur est indéterminée; cependant, pour l'ordinaire, elle n'est pas de plus d'un mètre 30 centimètres.

La selle à tailler consiste en une table en bois de hêtre ou de tout autre bois ferme, large d'environ 40 centimètres, épaisse de 5 à 8 centimètres. Cette table, qui porte deux échancrures *e, e* pour recevoir les cuisses de l'ouvrier, afin qu'il puisse travailler plus commodément, est supportée par quatre pieds solidement assemblés, avec traverses et entretoises en potence chevillées dans la table et dans les pieds.

Vers l'une de ses extrémités, à 30 centimètres environ du bout, on pratique un trou carré-long, par lequel passe une pièce de bois affectant parfois la forme d'un J majuscule. Cette pièce, *b*, se nomme *bascule*; elle doit être faite avec un bois dur et liant, tel que frêne, orme, ou même un morceau de chêne pris dans le cœur, sain et neuf. Sur son sommet elle reçoit, au moyen d'un assemblage à chapeau fortement chevillé en fer, un morceau de bois de cormier, d'alisier ou autre, ayant un peu plus de largeur et haut d'un décimètre à un décimètre et demi. La forme de ce morceau de bois *a*, appelé *tête*, est laissée à l'arbitraire de l'ouvrier; souvent même, il fait partie de la bascule, qu'on délarde alors des deux côtés et par devant. On entoure cette tête par devant d'une espèce de frette, dite *crémaillère*, qui est formée, soit d'un fer de scie, soit de deux brins de gros fil-de-fer tordus et cordonnés ensemble, de manière à constituer une rangée de dents. Souvent, au lieu d'être fixées sur la tête, ces dents se trouvent sur le champ supérieur du support. On en met quelquefois en dessus et en dessous; mais, ordinairement, on se contente d'en armer le dessous.

Le but qu'on se propose en mettant cette frette, c'est d'avoir une espèce de mâchoire formée par la saillie du fer de scie ou du fil-de-fer, laquelle mâchoire, correspondant à la saillie du support dont il va être parlé, forme une pince à dents obtuses, susceptible de retenir fortement le bois pris entre les mâchoires, lequel glisserait sous l'effort de la plane et malgré la pression, s'il n'était pas ainsi retenu. Nous devons dire cependant qu'on rencontre souvent des selles à tailler où il n'existe point de mâchoires, et que la pression suffit pour retenir la planche prise dans la pince, comme nous l'avons représenté dans le dessin. Dans ce dernier cas, il n'est pas rare de remplacer la bascule en bois par une bascule toute en fer (fig. IV).

Vers le haut, au-dessous de la tête, la bascule, à l'endroit où elle passe à travers la table, est percée d'un trou *o*, par lequel passe une forte broche de fer bien arrondie, enfoncée dans l'épaisseur de la table. Cette broche est un

Fig. IV.

pivot qui tient la bascule suspendue, et sur lequel

celle-ci se balance librement. Enfin, dans le bas, elle est encore percée d'un trou par lequel passe un palounier *p* en bois ou en fer, saillant de chaque côté d'une longueur suffisante pour que la plante du pied puisse s'y placer aisément.

Le *support* dont nous avons parlé, se compose d'une planche en bois dur *c*, large à peu près comme le banc et épaisse de 5 à 6 centimètres, qui est supportée à son extrémité postérieure par une autre planche de même épaisseur, posée presque verticalement. Souvent cette planche verticale est remplacée par deux étais ou arcs-boutants. Quant à la planche inclinée, qui est le support proprement dit, elle est percée dans le milieu, d'un trou carré long, correspondant à celui de la table, et livrant passage à la bascule. Ce support s'appuie contre la planche verticale qu'elle recouvre quelquefois, ou bien avec laquelle elle est assemblée, comme on le voit dans la figure, soit par un assemblage à mi-bois, soit au moyen de fortes vis à bois à têtes noyées; de l'autre bout, cette planche inclinée est fixée sur la table du chevalet à l'aide de chevilles, ou bien aussi avec des vis.

Après que les douves ont reçu une première façon au moyen de la Doloire, l'ouvrier les travaille encore sur le Chevalet, ainsi qu'il sera expliqué plus bas, à l'aide d'une *plane* dont nous donnerons également la description; mais, pour n'avoir plus à y revenir, il convient dès à présent, de dire comment on travaille sur la Selle à tailler.

L'ouvrier se met à cheval dessus, les cuisses pla-

Tonnelier.   3

cées dans les échancrures *e, e,* les pieds sur les deux bouts du palonnier *p*. Dans cette position, il plie les genoux, et, par ce mouvement, attire à lui le palonnier qui fait basculer la pièce *b* sur le pivot; ce mouvement fait relever en arrière la tête *a* de la bascule. Il prend alors la planche qu'il veut planer, et la pose sur le support *c*. Si elle est large, il la met au milieu du support, et alors, arrêtée par la pièce *b*, elle ne peut être pincée que par le bout. Si, au contraire, elle est longue et étroite, il la place à côté, près de la bascule, en sorte que la tête *a* faisant saillie tout autour, ne peut manquer de la saisir. Quoi qu'il en soit, aussitôt que la pièce est en place, l'ouvrier raidit les jambes en poussant devant lui le palonnier. Cette impulsion rabaisse la tête *a* de la bascule en avant, et tend à la faire appuyer sur la planche. La pression que cette planche reçoit, fait que les dents de la mâchoire s'y impriment en dessous et concourent à la retenir solidement. Comme le support est incliné, la planche prise dans la pince, est aussi inclinée et se dirige vers l'estomac de l'ouvrier, qui s'arme alors de la Plane, et coupe le bois en ramenant à lui. En exécutant cette manœuvre, il doit avoir le haut du corps garni d'un fort tablier de peau, afin de ne point être exposé à se blesser dans le cas où la Plane glisserait, ou bien si la planche venait à lâcher; mais il a rarement à craindre ce danger, car cette manœuvre est très-bien combinée. L'ouvrier n'ayant point d'autre appui que le palonnier, il arrive que plus il met de force à tirer sur le bois pincé, plus il pince fortement, et alors, les dents

de la crémaillère s'imprimant plus fortement dans le
bois, il devient impossible de l'arracher. Si ce bois
lâchait sous l'effort de la plane, il pourrait en résul-
ter des inconvénients; l'ouvrier serait renversé et
pourrait se faire mal; mais cela n'est guère à craindre, surtout lorsqu'on est habitué à travailler sur un
banc.

2° Ecorchoir.

Dans certains pays, particulièrement en Bourgogne, les tonneliers se servent d'une espèce de Selle à
tailler, qu'ils nomment ÉCORCHOIR ou ÉCORÇOIR, on
ne sait trop pourquoi. Cette Selle ressemble assez au
dressoir des treillageurs; mais elle en diffère en ce
sens que le coude en fer de ce dernier est ici mobile,
et obéit à la pression qui lui est communiquée par
le pied de l'ouvrier. La figure V représente cet ap-

Fig. V.

pareil. — *a*, forte planche en chêne ou en hêtre, inclinée à l'horizon de manière que l'ouvrier, étant debout, le côté le plus élevé lui vienne à la poitrine.—
bb, pieds assemblés solidement dans la planche *a*, un
peu inclinés en avant et en dehors, afin de donner de
l'assiette à l'ensemble. Ces pieds sont en outre con-

solidés par des potences chevillées des deux bouts.—
c, traverse mobile, soit qu'elle soit assemblée à bri-
sure avec la planche a, soit qu'assemblée à demeure,
sa flexibilité lui permette un mouvement de va-et-
vient de haut en bas et de bas en haut. — d, double
coude en bois garni de dents en fer, ou bien fait tout
en fer, fixé à demeure sur la traverse c, et glissant
sur le côté de la planche a, où l'on a pratiqué une
entaille pour le recevoir, et maintenu dans son recul,
soit par un gousset en bois rapporté, soit par une lame
de tôle.

Lorsque l'ouvrier veut employer cette Selle, qui
lui sert à donner une première façon à ses douves,
au moyen de la Plane, il se place devant elle et relève avec le pied la traverse c, ce qui fait ouvrir la mâchoire d. Il pose alors sa douve à plat sur la planche a,
puis, appuyant avec le pied sur le bout de cette même
traverse c, qu'il vient de relever, il fixe solidement
la douve sur la planche a, après quoi, il la travaille
comme à l'ordinaire. Ainsi donc, l'ouvrier qui emploie cette Selle se tient debout. De plus, il n'a qu'un
pied pour maintenir la douve en place; mais cette
pression est suffisante, car il peut porter le poids de
tout le corps sur le pied qui agit, et donner par là une
force considérable à la mâchoire d.

3° Selle ou chaise à rogner.

La SELLE ou CHAISE A ROGNER est un appareil de
charpente disposé de manière qu'en y couchant un
tonneau, celui-ci s'y trouve maintenu solidement, en

sorte qu'on peut le rogner aisément en le faisant tourner sur lui-même dans cette position.

Dans beaucoup d'ateliers, cet appareil est fixé à demeure dans le sol (fig. VI), et on le place dans une

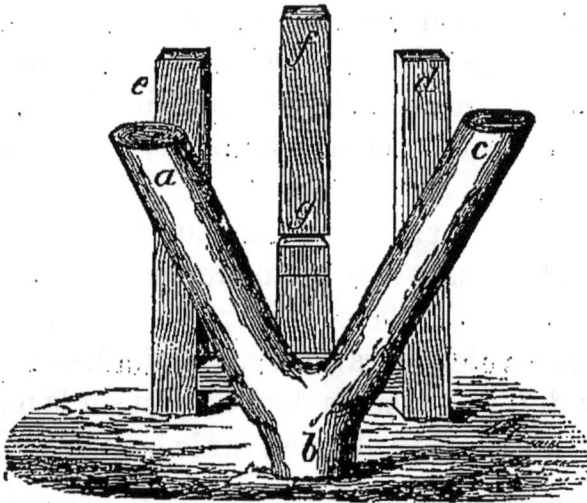

Fig. VI.

partie bien éclairée et de très-facile accès. Sa pièce principale *a b c* a la forme d'un Y, et c'est dans l'enfourchement qu'elle présente qu'on met le tonneau; elle se nomme la *fourche*. On lui donne une longueur suffisante pour l'entrer profondément en terre, et on l'y consolide avec des coins, des pierres et même du plâtre, si le terrain n'offre pas une consistance suffisante. Derrière cette fourche, à une distance un peu moindre que la longueur d'un tonneau ordinaire, on plante en terre une pièce de bois verticale *f* contre laquelle on vient appuyer le fond de la pièce à rogner, et, entre la fourche et la pièce de bois *f*, on en place

une autre dans une position horizontale, qui est destinée à supporter, par le bouge, le tonneau placé dans
la Selle. On voit en *g*, sur la pièce *f*, une encoche qui
sert à recevoir le rebord du fond qui s'appuie contre
la pièce *f*. Les pièces *ed* sont plantées en terre et servent à consolider le tout, l'une *d*, en servant d'appui
à la fourche, l'autre *e*, posée un peu plus en arrière,
en maintenant le tonneau lorsqu'il est placé.

La Selle à rogner mobile peut varier beaucoup dans
sa construction ; mais elle renferme toujours une fourche qui est tantôt en *y*, comme dans la précédente,
tantôt en forme de croissant. Beaucoup de tonneliers
la préfèrent à celle-ci, parce qu'on peut la transporter où l'on veut, ce qui est très-avantageux dans une

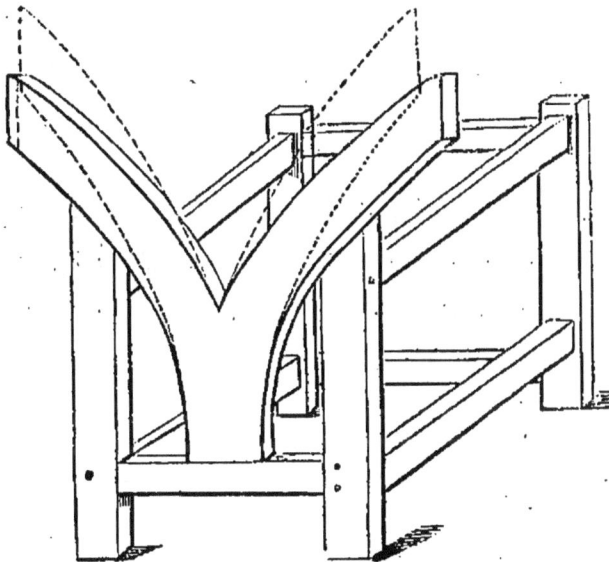

Fig. VII.

foule de circonstances. La figure VII montre la disposition qu'on lui donne ordinairement.

4° Billot.

Le BILLOT est le même instrument que l'on appelle TRONCHET, CHARPI, BUCHOIR, dans certaines localités. Le tonnelier en a de deux sortes et de différentes hauteurs, afin de pouvoir travailler assis ou debout.

Le Billot le plus simple consiste en un tronc d'orme ou de chêne, haut de 80 centim. environ, sur lequel on dégrossit, à l'aide de la Serpe ou de la Cochoire, en se tenant debout.

L'autre Billot est plus compliqué, et l'ouvrier est assis lorsqu'il travaille dessus. Il sert soit à dégrossir, soit à doler. Pour faire le corps de l'appareil (fig. VIII), on choisit un tronc d'orme noueux, qu'on

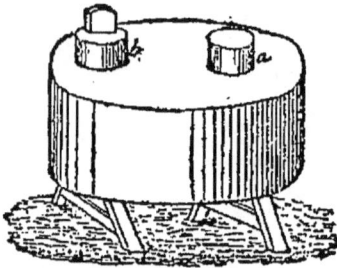

Fig. VIII.

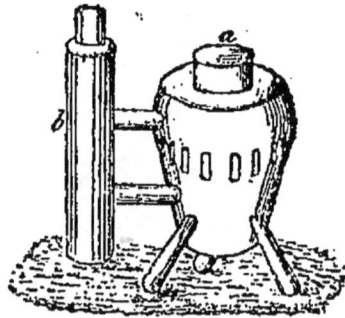

Fig. IX.

fait porter sur quatre pieds, munis de traverses. En dessus, on réserve ou bien l'on plante deux saillies *a b*, appelées *hausses* ou *échasses*, qui servent de point d'appui aux planches qu'on veut *bûcher*, c'est-à-dire dégrossir à coups de Hache ou de Cochoire. Lorsqu'il s'agit de doler, on appuie la douve contre un épaulement qu'on réserve à la seconde saillie *b*, et qui l'empêche de reculer sous les coups puissants de la Doloire.

Si le tonnelier ne rencontre pas un morceau de bois assez gros pour faire le Billot dont nous venons de détailler la construction, il le compose de diverses pièces qu'il travaille et assemble de la manière qu'il juge la plus convenable. Quelquefois même, comme le montre la figure IX, il se sert d'un vieux moyeu de charrette, supporté par trois pieds en arc-boutant. Dans ce cas, il plante l'appui *a* dans le trou de l'essieu ; puis, au moyen de deux traverses horizontales, il joint à ce Billot une pièce en bois debout *b*, entaillée à mi-bois par le haut. Cette pièce touche à terre, les deux traverses latérales ne servant qu'à la maintenir dans sa position verticale. La douve étant placée sur champ lorsqu'on la dole, il en résulte qu'elle se trouve supportée par les deux bouts et appuyée contre les épaulements.

La figure X représente un Billot d'une forme diffé-

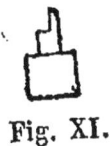

Fig. XI.

Fig. X.

rente : c'est le Charpi proprement dit. Il sert à doler

les douves, qu'on appuie à cet effet contre les hausses *ab*. Dans quelques localités, on désigne ces hausses sous le nom de *charpillon*. Le dessin ci-joint (fig. XI) montre comment elles sont entaillées pour recevoir le bois à travailler.

5° *Sergent* ou *Serre-joint*.

On appelle SERGENT OU SERRE-JOINT un instrument qui sert à réunir les pièces de bois qu'on veut coller ensemble par la tranche, à les tenir serrées pendant que la colle prend, ou qu'on trace, ou qu'on fait des repères. Cet instrument a été beaucoup perfectionné dans les ateliers de menuiserie et d'ébénisterie; mais le tonnelier, pour qui il n'est qu'un outil tout à fait accessoire, l'emploie généralement tel qu'on le faisait anciennement, et que le représente la figure XII. C'est une tige de fer carrée, dont la longueur varie de 0^m.50 à 1^m.95 et même 2^m.60. A son extrémité supérieure, elle est recourbée en forme de crochet. Cette partie, qu'on appelle *mentonnet*, a une courbure de 0^m.08 à 0^m.16 environ. Un autre mentonnet mobile *a*, qu'on nomme *patte* ou *main*, est disposé de manière à pouvoir glisser le long de la tige.

Fig. XII.

L'emploi du Sergent est très-facile à comprendre. Les pièces à réunir étant placées l'une sur l'autre, on applique le mentonnet fixe, ou *crochet*, contre l'une des tranches de l'assemblage, et l'on fait glisser la patte jusqu'à ce que sa partie recourbée vienne s'appuyer contre la tranche opposée. Donnant alors quelques coups de marteau sur la douille *p* de la patte, pour la rapprocher du crochet, cette patte prend une position oblique, parce qu'elle n'avance que par le haut, les pièces de bois l'empêchant d'avancer par le bas. De plus, la vive arête interne de la douille s'abaisse du côté du crochet, presse la face supérieure de la tige, et, comme cette face n'est pas polie, le frottement de cette partie anguleuse de la douille sur cette partie rugueuse de la tige suffit pour maintenir la patte en place et, par suite, les morceaux de bois que cette patte rapproche par sa partie inférieure.

§ 2. OUTILS SERVANT A DÉBITER.

Les outils de débitage ne comprennent que trois ou quatre sortes de scies, telles que : la *scie à débiter*, la *scie à chantourner* ou *feuillet* et quelques *scies à guichet* ou *scies à main*. On peut y joindre le *coutre*.

1. *Scie à débiter.*

La SCIE A DÉBITER (fig. XIII) consiste en deux bras, longs d'environ 0^m.487 et à l'extrémité inférieure desquels la lame est fixée par des goupilles, tandis qu'ils sont réunis par le haut au moyen d'une double corde bien assujettie. Vers le milieu de leur longueur se trouve une traverse qui, butant contre chacun d'eux, les empêche de revenir en dedans. Le bras

supérieur offre un prolongement légèrement recourbé
et arrondi, au moyen duquel la main droite de l'ouvrier saisit l'outil.

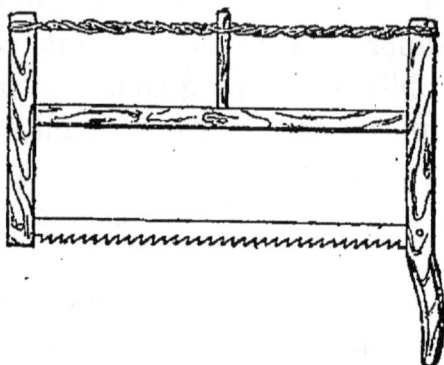

Fig. XIII.

La corde sert à tendre la lame. A cet effet, on
passe au milieu des tours qu'elle forme une petite
planchette, qu'on nomme *garrot*, et qu'on fait tourner un certain nombre de fois. En agissant ainsi, on
tord la corde qui, en se raccourcissant, attire fortement les bras, et ceux-ci, basculant sur les bouts de
la traverse, tendent la lame à volonté. On arrête ensuite le garrot en le poussant contre la traverse, sur
le côté de laquelle il trouve un appui qui l'empêche
de tourner, ou bien on en fait pénétrer l'extrémité
dans une petite mortaise pratiquée sur le dessus et
au milieu de la traverse.

Une remarque très-importante, c'est que, lorsqu'on
débite du bois vert, les dents de la scie doivent être
très-longues, très-aiguës, et suffisamment espacées.
Au contraire, quand on travaille des bois secs et durs,
il faut que les dents soient plus fines. En outre, la

qualité de l'acier doit être meilleure. Si les bois sont
très-compactes, on a besoin de scies dont la monture
soit entièrement en fer, la denture encore plus fine,
et dont la lame aille en s'amincissant du côté opposé
à la denture. Comme toutes les cordes sont plus ou
moins hygrométriques, c'est-à-dire sujettes à s'allonger ou à se raccourcir suivant que l'air est plus ou
moins humide, il faut avoir bien soin, toutes les fois
que l'on met de côté la Scie pour ne plus s'en servir
de quelque temps, de lâcher le garrot et de détendre
la corde. Sans cela, si l'humidité venait à gonfler la
corde et à la rendre par conséquent plus courte, la
monture se briserait à l'improviste, ou tout au moins
deviendrait gauche et courbée.

2. *Scie à chantourner.*

La SCIE A CHANTOURNER OU FEUILLET (fig. XIV) s'em-

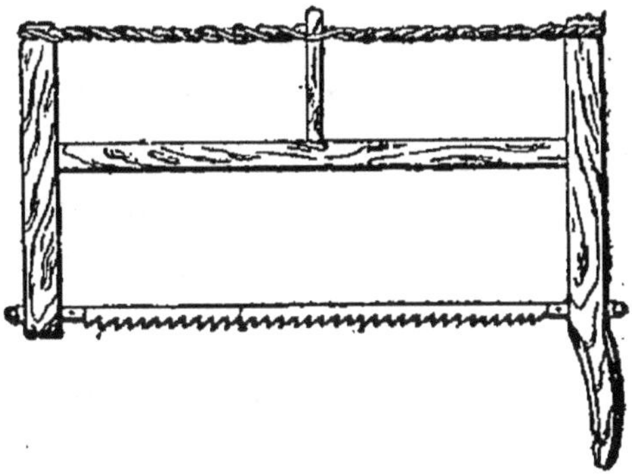

Fig. XIV.

ploie principalement pour couper les fonds en rond.
Elle ressemble beaucoup à la Scie à débiter. En

effet, comme dans celle-ci, la lame est montée sur deux bras séparés par une traverse, et on la tend avec une double corde et un garrot. Ces points de ressemblance constatés, examinons les différences. D'abord, la lame est très-étroite, la denture est plus fine, droite et non penchée. Ensuite (et c'est la modification la plus importante), la rainure de l'extrémité des bras, dans laquelle la lame de la Scie à débiter est fixée avec une goupille, est remplacée dans le Feuillet par un trou cylindrique parallèle à la longueur de la traverse, et percé dans les deux montants très-près de leur extrémité inférieure. Dans chacun de ces trous passe un boulon en fer terminé du côté de l'intérieur de la monture par une *mâchoire* ou double lame de fer, dans laquelle la lame de la scie est prise et fixée par une ou plusieurs goupilles, et du côté extérieur par une poignée en bois ou un écrou à oreilles à l'aide duquel on peut tourner et retourner la lame à volonté.

Il résulte de cette disposition que le plat de la lame peut tantôt être mis dans une situation telle qu'il soit opposé à la tranche de la traverse, tantôt dans une position semblable à celle du plat de la traverse, tantôt dans une position intermédiaire. Pour faire cette opération, il faut tourner les poignées l'une après l'autre et préalablement détordre la corde d'un ou deux tours. De cette mobilité de la lame résultent de grands avantages. Ainsi, on peut, avec la Scie à débiter, détacher du bord ou de la tranche d'une planche une pièce très-mince, ce qu'on n'exécuterait pas avec la Scie à débiter si la planche était très-large. De plus, on peut découper des parties courbes ayant un grand rayon. Enfin, quand on met la lame dans la même position que celle de la Scie à débiter, elle sert aux mêmes usages.

Il est évident que les boulons qui guident la lame doivent tourner à frottement un peu dur dans les trous des bras ou montants. Il faut avoir bien soin que les deux poignées ou les deux écrous soient tournés précisément au même degré; sans cela, la lame, au lieu d'être droite, serait tordue, et il deviendrait presque impossible de la diriger.

3. *Scies à main.*

Quelle que soit l'utilité des scies qui précèdent, elles ne peuvent pas suffire encore à tous les besoins. Il arrive souvent au tonnelier d'avoir à faire dans une planche une ouverture carrée ou circulaire. Il lui serait très-commode alors de se servir de la scie; mais comment avec les scies ordinaires entamer le milieu d'une planche? cela serait impossible. Il faut se servir de la SCIE A MAIN, appelée PASSE-PARTOUT OU SCIE A GUICHET (fig. XV). C'est une lame d'acier A ayant la forme d'une lame d'épée plate, dentelée sur un de ses côtés, finissant en pointe et augmentant de largeur depuis l'extrémité jusqu'à la partie la plus voisine du fût de bois dans lequel elle est emmanchée. Lorsque, avec cette scie, on veut scier une planche sans toucher au bord, on fait, à l'endroit où l'on veut commencer, un trou suffisant pour donner passage à la pointe de la scie; on la met en mouvement. Son action allonge l'ouverture, la lame pénètre plus profondément; le mouvement devient plus facile; et, comme on n'est pas gêné par un châssis, il est aisé de faire suivre à l'outil toutes les directions tracées sur la planche.

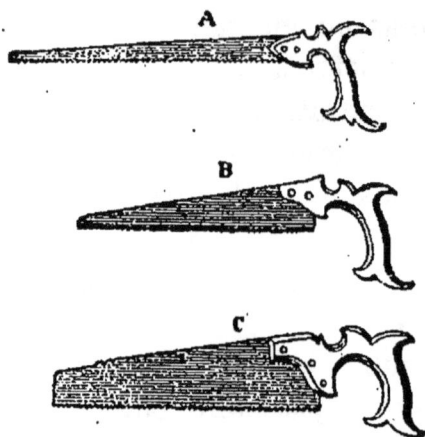

Fig. XV.

Il y a des scies à main de diverses dimensions; quelques-unes B C sont plus larges que les lames des scies ordinaires, et toutes sont plus fortes et plus épaisses, ce qui devient indispensable puisque rien ne les soutient.

Le manche de ces outils présente deux formes très-différentes. Tantôt, il est rond et dans le prolongement de la lame. Tantôt, il forme comme un angle droit avec cette même lame. Dans le premier cas, les scies sont dites *à manche rond;* dans le second cas, elles sont appelées *à manche d'égoïne :* c'est cette dernière disposition que présentent nos dessins.

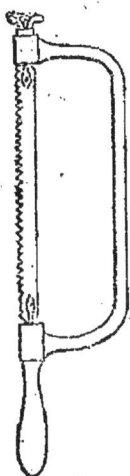

Il y a d'autres espèces de scies à main (fig. XVI), remarquables par la finesse de leur denteture et la facilité avec laquelle on peut, soit tendre leur lame, soit les manier. Un manche en bois, de forme à peu près cylindrique, renferme une tige de fer terminée en mâchoire, dans laquelle est fixée une très-mince lame de scie. Cette tige de fer et la scie qu'elle supporte, forment en quelque façon le prolongement de l'axe du cylindre. Le bout du manche, où s'engage la scie, est serré par une forte virole d'acier, de fer ou de cuivre, de laquelle part un arc métallique dont l'autre extrémité va

Fig. XVI.

joindre le bout libre de la scie. Ce bout de la scie opposé au manche est pris dans une mâchoire terminée par une vis ayant une porte carrée qui passe sans frottement dans un trou pratiqué au bout de l'arc métallique. Un écrou à oreilles permet de rapprocher à volonté l'extrémité de l'arc métallique de la mâchoire. Quand on fait cette manœuvre, cet arc est recourbé davantage, son élasticité augmente puisqu'il est plus fortement tendu, et par la même raison il accroît la tension de la lame, qui lui tient lieu de corde. Cette scie, dont la lame est mince et droite, dont les dents sont très-fines, est employée avec avantage à scier les bois durs, mais pour d'autres usages que les précédentes.

4. Coutre.

Le COUTRE n'est autre chose qu'un coin de fer, bien tranchant, percé d'un trou dans le sens du tranchant et du côté de la tête du coin. Un manche solide et long d'environ 0^m.60 est passé dans ce trou. Cet outil sert à fendre les billes de bois. A cet effet, on le tient d'une main par le manche, et, de l'autre, on frappe sur la tête avec la *mailloche*.

A première vue, il semble que rien n'est plus facile que l'emploi du Coutre. Au contraire, il faut une certaine habileté pour le conduire convenablement; car, suivant qu'on incline plus d'un côté que de l'autre, on fend plus ou moins droit. Il suffit d'un mouvement de main presque inappréciable pour prendre le fil du bois et fendre suivant une ligne donnée.

Nous venons de parler de la MAILLOCHE. C'est une espèce de gros maillet (fig. XVII), d'orme ou de chêne noueux, qui a une forme assez semblable à celle d'une bou-
teille.

Fig. XVII.

§ 3. OUTILS SERVANT A DRESSER, PLANER ET CORROYER.

Les outils dont se sert le tonnelier pour dresser, planer et corroyer le bois sont : la *colombe*, la *doloire*, la *plane*, la *varlope*, le *riflard* et le *rabot*, ces trois derniers empruntés, comme nous l'avons dit, au menuisier.

1. Colombe.

La COLOMBE est une espèce de grosse varlope renversée, montée sur des pieds et ayant le tranchant du fer sur la surface supérieure. Elle sert à dresser le champ des planches.

Quelquefois, le tonnelier emploie la *colombe droite* du layetier-emballeur, c'est-à-dire posée horizontalement sur quatre pieds (fig. XVIII); mais celle qui lui

Fig. XVIII.

est spécialement destinée (fig. XIX) repose sur trois

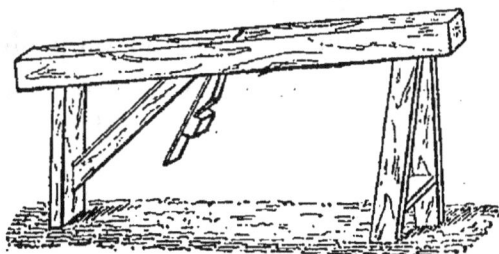

Fig. XIX.

pieds et est inclinée à l'horizon. Peu importe d'ailleurs cette différence qui tient plutôt aux localités qu'à des avantages bien marqués.

La Colombe appartient à cette classe nombreuse d'outils qu'on appelle *outils à fût* ou *affûtages*, parce qu'ils se composent essentiellement d'une pièce de bois, nommée *fût*, et d'une espèce de ciseau, qu'on appelle *fer*, qui sont disposées de manière à coopérer simultanément.

Le corps de la Colombe ou son fût est un quartier de cormier pris au cœur, autant que possible. On y perce une lumière comme à une Varlope de menuisier, on ajuste un coin dans cette lumière, on place le fer, qui doit être bien affûté, et l'on fait en sorte que la ligne du tranchant soit bien exactement sur le même plan que la surface supérieure ou la *table*; c'est ce qu'on nomme *mettre en fût*.

Si la colombe est bien faite, la lumière doit être très-petite, c'est-à-dire qu'il doit n'y avoir entre le tranchant et le bois que l'espace strictement nécessaire pour laisser passer le copeau, qui tombe en dessous.

Pour que la Colombe ne se détériore point, que le fer ne soit point sujet à s'ébrécher ou à blesser ceux qui y pourraient toucher sans y faire attention, on fixe sur le corps de la Colombe, à l'aide de charnières en cuir, un couvercle en planches que l'on rabat aussitôt qu'on a fini de se servir de l'instrument.

2. *La Doloire.*

La DOLOIRE sert à dresser les planches. Nous n'entreprendrons pas de la dessiner absolument telle qu'elle

doit être, car les ouvriers ne sont pas plus d'accord
sur sa forme que sur la manière de l'emmancher.
C'est un outil qui coûte toujours assez cher, parce que
sa fabrication est difficile et exige la main d'un taillandier habile. Toutefois, les tonneliers l'emploient
peu : ce sont des ouvriers spéciaux, nommés *doleurs*,
qui, presque toujours, entreprennent le *dolage*. Néanmoins, le tonnelier doit avoir été doleur, et il doit
savoir au besoin se servir de la doloire.

Les figures XX, XXI et XXII donnent une idée de la

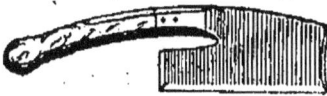 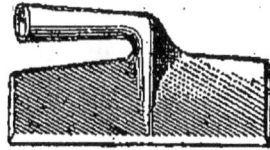

Fig. XX.   Fig. XXI.

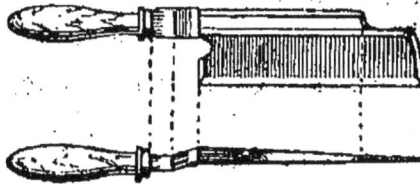

Fig. XXII.

forme qu'on donne ordinairement à la Doloire. La
première représente une Doloire *façon d'Orléans*,
munie de son manche, et la seconde le fer seulement
d'une Doloire dite *à la française*. La Doloire d'Orléans a été primitivement construite par un habile
taillandier de cette ville, qui se nommait Gougis. C'est
un des meilleurs modèles qui existent. Elle pèse généralement de 4 kilog. à 4 kilog. et demi. Enfin, la lon-

gueur de son taillant est de 365 à 380 millimètres, et sa largeur de 17 centimètres.

La longueur du manche de la Doloire se détermine par la longueur du bras de l'ouvrier qui doit en faire usage. On la prend en mettant le bout du pouce sur le bord de la douille, en tenant le manche comme si l'on voulait travailler, et en ployant le bras, le bout du manche doit se trouver à fleur du coude.

En emmanchant la Doloire, il faut avoir soin de faire dévier le manche en dehors, afin qu'il ne se trouve pas sur le même plan que l'axe de l'outil. Cette précaution est nécessaire pour que la main ne soit pas froissée contre le bois. De plus, ce manche doit être assez lourd pour former une espèce de contre-poids à la pesanteur de l'outil.

Le taillant de la Doloire du côté de la planche doit avoir sur la longueur un cintre peu senti qu'on nomme *quiette;* il faut aussi un peu de rond sur la largeur. Enfin, la moitié du taillant doit être droite jusqu'à 13 millimètres du bord. A partir de ce point, on fait, à la meule, un contre-biseau du côté de la planche, afin que l'outil puisse sortir du bois, et il suffit sans qu'il soit nécessaire d'arrondir la planche de l'outil. Pour déterminer sûrement la courbe de ce contre-biseau, on trace avec un compas une portion d'un cercle qui serait de la grandeur du fond d'un tonneau ordinaire, et l'on voit quelle doit être la courbe sur une étendue de 13 millimètres. Quand l'ouvrier veut doler du traversin, qui doit être droit, il incline un peu la planche de l'outil, et alors il dole droit comme si cette planche était droite.

Le doleur tient sa Doloire de la main droite, le pouce placé sur le bout de la douille, le bout du manche appuyé sur la cuisse droite, le pied droit en avant le long du Billot, la main gauche sur la douelle, qui d'un bout porte sur le charpillon, et de l'autre sur la bride qui est sur le derrière du Billot, avec une encoche pour appuyer la main droite.

La Doloire est le seul outil du doleur. Aussi, cet ouvrier apporte-t-il un soin particulier à se la procurer de bonne qualité et d'une façon qui facilite le travail. Or, cet outil unique exécute un travail assez compliqué, puisqu'il faut qu'il donne à la douelle une forme déterminée qui n'est pas constituée par des lignes droites, mais par des courbes insensibles. Il faut qu'en laissant tomber ce lourd outil tranchant, le doleur arrondisse en creux la planche étroite et peu épaisse qu'il pose sur champ sur le charpi, et qu'il appuie sur le charpillon. Il faut, indépendamment de la courbe donnée sur la largeur, qu'une autre courbe soit faite sur la longueur, et il doit réserver aux deux bouts de la douelle des *témoins*, c'est-à-dire, à chaque bout, deux endroits que l'outil n'a pas touchés. Dans une pièce bien faite, ces témoins ne disparaîtront jamais entièrement, et on les retrouvera même après que la pièce aura servi et sera en vidange.

3. *Plane.*

La PLANE, que, dans beaucoup d'endroits, on appelle PLAINE, est l'un des outils dont le tonnelier fait le plus fréquent usage. C'est un couteau à deux man-

ches qui se manœuvre à deux mains et sert à planer
ou plainer, c'est-à-dire à dresser le bois, à l'aplanir.
Il varie d'une foule de manières, aussi bien sous le
rapport des dimensions que sous celui de la forme de
la lame, qui, suivant le travail à exécuter, doit être
droite, creuse, arrondie en croissant, à queue, etc. La
figure XXIII indique les formes les plus usuelles.

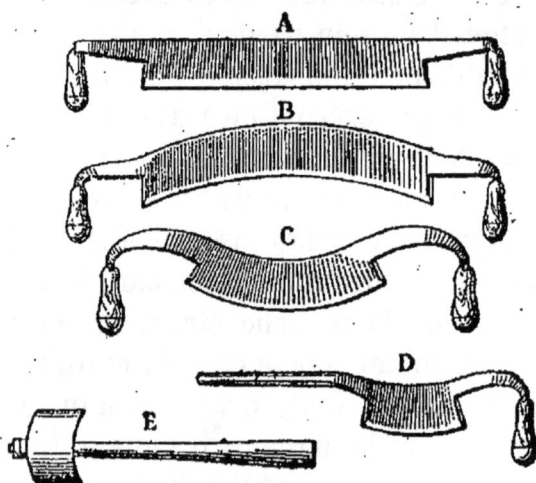

Fig. XXIII.

La lettre A représente la PLANE DROITE. Quand on
achète un outil de ce genre, il faut faire attention à
la partie aciérée, la bornoyer pour s'assurer si elle
est bien droite sur sa largeur, faire attention si elle
n'a point de pailles et si, lors de la trempe, il ne se
serait pas fait des criques sur son tranchant. La plane
se repasse sur la meule; on lui ôte le morfil à l'aide
d'une pierre à grain fin dite *pierre à faulx :* c'est un
outil qui débite vite et avance la besogne.

La lettre B représente une PLANE CREUSE. Sa courbure est d'autant plus prononcée que le vase qu'on veut travailler a de plus petites dimensions. Il y a donc plusieurs sortes de planes de ce genre, lesquelles ne diffèrent que par le degré de leur courbure. Tous ces outils sont destinés à creuser. Ils devraient donc changer de nom, puisque, au lieu de planer le bois, ils le sillonnent; mais on a fait remarquer qu'ils planent réellement dans le sens de la longueur, ce qui suffit pour leur conserver leur ancienne dénomination.

L'outil représenté par la lettre C est une PLANE CINTRÉE OU ARQUÉE, dite *façon d'Orléans*.

La PLANE À PARER (lettre D) est destinée à travailler l'intérieur des tonneaux. On l'introduit dans la pièce par la partie qui n'a point de poignée et que tient l'une des mains de l'ouvrier, tandis que l'autre main tient la poignée unique.

La PLANE A QUEUE (lettre E) ne sert aussi que dans l'intérieur des tonneaux et pour égaliser les joints. On la fait couper en la retirant à soi. Son manche en fer forme douille, afin qu'il soit possible d'y ajouter un second manche en bois.

4. Varlope.

La VARLOPE (fig. XXIV) se compose d'un fût, d'un fer et d'un coin.

Le *fût* a, comme l'indique la figure, à peu près la forme que les géomètres désignent par le nom de parallélipipède rectangle. C'est une pièce de bois très-dur, bien dressée, et dont les quatre faces les plus longues, ayant la forme d'un carré long, sont bien perpendiculaires l'une à l'autre. Ce fût a communément $0^m.731$ de long, $0^m.068$ ou $0^m.081$ d'épaisseur,

Fig. XXIV.

et $0^m.101$ ou $0^m.108$ dans sa plus grande hauteur. Cette hauteur, en effet, diminue d'environ $0^m.020$ à chaque extrémité. Cela ne provient pas de la surface inférieure, qui doit toujours être parfaitement plane, mais de la surface supérieure qui est légèrement courbée et s'abaisse aux deux bouts. A quelques centimètres de son extrémité postérieure, on adapte à tenon et à mortaise une espèce de poignée ou d'anneau qui sert à pousser l'instrument. Au milieu de l'épaisseur du fût, et à peu près à égale distance des deux bouts, se trouve la *lumière*, qui forme une des parties principales de l'outil, celle peut-être d'où dépend le plus sa bonté : c'est là qu'est placé le fer dont elle règle l'inclinaison. Ce trou est évasé, assez grand par le haut, et finit, au-dessous de la varlope, par ne plus être qu'une fente transversale à la longueur de l'outil, longue d'environ $0^m.054$ et large seulement de $0^m.003$ à $0^m.004$, afin que le copeau que le fer détache et qui tend à se tourner en spirale, ne puisse plus sortir de la lumière dès qu'il y est engagé.

Tonnelier.   4

Le *fer* a une largeur d'environ $0^m.054$ et une longueur d'au moins $0^m.189$ ou $0^m.217$. Il est appuyé contre la paroi du derrière de la lumière, celle qui est la plus rapprochée de la poignée. On lui donne une inclinaison d'environ 45 degrés, c'est-à-dire une inclinaison égale à celle d'une ligne oblique qui, partant de la jonction d'une ligne horizontale, s'écarterait autant de l'une que de l'autre. La paroi opposée de la lumière est bien moins inclinée ; l'intérieur de la lumière est muni de deux épaulements ou saillies contre lesquels le coin vient s'appuyer. Quand on aiguise le fer, il faut avoir soin de former un biseau bien plat et non arrondi, c'est-à-dire faire en sorte que la ligne tranchante soit aussi horizontale que le dessous de la Varlope, et l'on ne doit toucher au côté de la planche que pour détacher le morfil. Néanmoins, il ne faut pas laisser les coins trop vifs, mais les adoucir un peu, parce que, s'ils conservaient toute leur vivacité, ils pourraient rayer le bois.

Le *coin* qui sert à tenir le fer est évidé par le milieu : il faut qu'il serre un peu plus par le bas que par le haut, et qu'il joigne bien des deux côtés. On enfonce le coin avec un marteau ; on le desserre en frappant quelques coups sur l'extrémité de la Varlope : cela suffit pour l'ébranler. Il est essentiel de serrer convenablement le coin, de telle sorte qu'il assujettisse bien solidement le fer sur le derrière de la lumière ; sans cela, lorsque l'on fait agir l'instrument, le fer ballotte entre le coin et la paroi postérieure de la lumière. Au lieu de couper le bois vif et facilement, il ressaute, fait faire des soubresauts à l'instrument, et la surface ne s'unit pas. Les ouvriers expriment cet effet en disant que l'outil *broute*.

De l'immobilité du fer, de la manière dont la surface de dessous est dressée, de l'inclinaison de la lumière et de la facilité avec laquelle elle vomit les copeaux, dépend toute la bonté de la Varlope.

C'est avec la Varlope qu'on dresse le plus facilement, parce que sa longueur s'oppose à ce que la partie plane, ou la planche, suive les sinuosités de l'objet à dresser, comme cela arrive au Rabot. Toutefois, elle ne peut servir que pour aplanir, dresser et finir. Cela provient de trois causes : premièrement, de ce que le fer est droit; deuxièmement, de ce que ce même fer a très-peu de prise, attendu qu'on le fait peu sortir en dessous ; troisièmement, de ce que la lumière est très-étroite. Avant donc d'employer la Varlope, il faut dégrossir l'ouvrage, et c'est ce à quoi est destiné le Riflard.

5. *Riflard.*

Le RIFLARD est une espèce de Varlope à ébaucher. Il ne diffère de la Varlope ordinaire que parce qu'il est moins long d'un quart ou d'un cinquième. De là le nom de DEMI-VARLOPE sous lequel on le désigne également. Sa construction est d'ailleurs entièrement analogue; mais la lumière est plus inclinée, afin que le fer ait plus de pente et morde davantage le bois. Dans le même but, au lieu d'affûter le fer carrément, on lui donne une forme un peu arrondie; et comme, par suite de cette disposition, il enlève les copeaux plus épais, on donne un peu plus de largeur à la fente inférieure de la lumière par laquelle ces copeaux doivent passer.

Le Riflard sert à *blanchir* le bois, c'est-à-dire à en découvrir la surface, à en faire disparaître les inégalités les plus considérables. Quand on a fait ainsi le plus gros de l'ouvrage, on termine avec la Varlope; mais, pour les travaux communs, il arrive souvent qu'on se contente de blanchir.

Quelquefois, on munit le Riflard de deux poignées, afin de pouvoir y placer deux ouvriers l'un devant l'autre, ce qui arrive quand on a beaucoup de bois à enlever, qu'on fait mordre beaucoup de fer, et qu'alors le travail serait trop rude pour un seul ouvrier.

6. Rabots.

Le RABOT n'est en réalité qu'une Varlope très-petite, et ses dimensions restreintes le rendent d'une manœuvre beaucoup plus facile que celle de cette dernière. Sa longueur varie de 0^m.081 à près de 0^m.325.

Le Rabot ordinaire (fig. XXV) a la planche plate, ce

Fig. XXV.

qui ne permet de l'employer que pour corroyer des

surfaces planes. Quand on a à travailler des surfaces courbes, il est évident que cet outil ne peut pas servir. On le remplace alors par un RABOT CINTRÉ, c'est-à-dire ayant le fût courbé d'une manière convenable.

Si l'on veut obtenir une surface convexe dans la longueur, et semblable au-dessus d'une Varlope, par exemple, qui est plus élevé de $0^m.020$ au milieu qu'aux extrémités, il faudra un Rabot dont la surface inférieure présente une concavité équivalente. Sans doute, si on posait ce rabot à plat dans toute sa longueur sur la pièce de bois à travailler, il ne produirait aucun effet, et sa concavité ne permettrait pas au fer et au bois de se rencontrer; mais si le bout du Rabot est appliqué à l'extrémité de la pièce de bois, et qu'on le pousse dans cette position, le fer commencera par enlever la partie la plus saillante, l'angle. Insensiblement cette partie anguleuse prendra une forme plus ou moins arrondie, et se moulera en quelque sorte sur la concavité du Rabot. Quand on aura fini à cette extrémité, le rabot, que l'on continue de pousser à diverses reprises, ira frapper l'autre angle en descendant, et là produira encore un effet semblable.

Si l'on veut, au contraire, une surface concave, il faudra prendre un Rabot dont la surface inférieure soit convexe (fig. XXVI). En le promenant d'abord au milieu de la pièce de bois, on ne tardera pas à y produire un enfoncement, et cet enfoncement augmentera de plus en plus en prenant la forme désirée. Le fer, en effet, enfonce tant que le fût ne s'oppose pas à son introduction; et comme le fût s'y oppose plus tard aux extrémités qu'au centre, c'est relativement à ces extrémités qu'il enfoncera le plus.

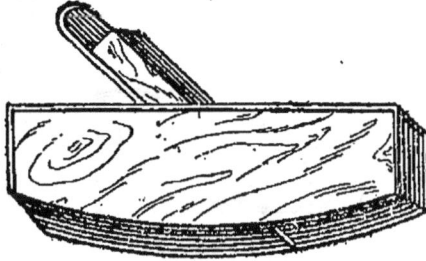

Fig. XXVI.

Quelquefois, on a à travailler des pièces de bois cintrées à la fois sur le plan et sur l'élévation. Il est nécessaire alors de se servir de Rabots cintrés aussi dans les deux sens, ou à double courbure. Si, en effet, le fût était plan latéralement, il ne pourrait pas s'appliquer sur la courbure latérale.

Comme chaque Rabot cintré ne peut donner qu'une de ces espèces de courbures, qu'un seul degré de convexité ou de concavité, il en résulte qu'on est forcé d'en avoir un assortiment; cela ne suffit pas encore.

En effet, on a souvent à donner au bois une courbure transversale, à l'arrondir en portion de cylindre : alors il faut une nouvelle espèce d'instrument. Tel est l'usage du Rabot que l'on désigne spécialement sous le nom de RABOT MOUCHETTE ou simplement de MOUCHETTE (fig. XXVII). Son fût est creusé par-dessous en rigole. C'est dans cette espèce de cannelure que se modèle la portion de cylindre qu'on veut obtenir, et, comme le montre le dessin, le tranchant du fer est taillé en croissant.

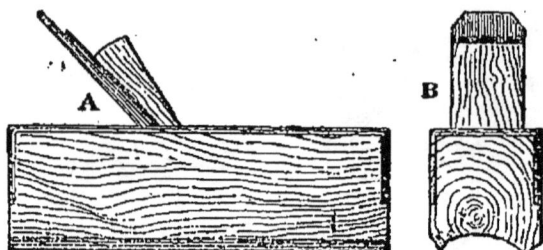

Fig. XXVII.

Le RABOT ROND (fig. XXVIII) est l'inverse du Rabot-

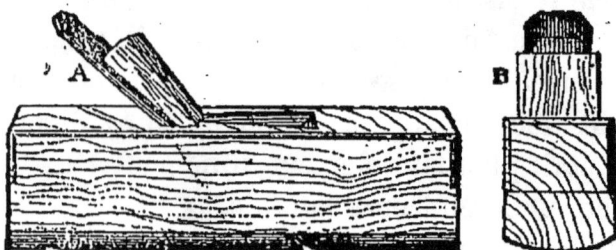

Fig. XXVIII.

Mouchette. En effet, au lieu d'être creusé par-dessous, il est convexe. Il creuse donc une rigole au lieu d'en porter une. En conséquence, le tranchant de son fer B est arrondi et non pas taillé en croissant.

Nous répéterons, pour ces deux sortes de Rabots, les mouchettes et les ronds, ce que nous avons déjà dit pour les cintrés, savoir : qu'il faut en avoir plusieurs de diverses largeurs et de différentes courbures.

Comme les Rabots sont exposés à une usure rapide

à cause du frottement énergique auquel ils sont
soumis, il faut, pour les faire, choisir un bois très-
dur, qui, autant que possible, doit être le cormier.
Il convient également de les munir d'une semelle de
fer ou mieux d'acier.

Observations.

La Varlope, le Riflard, le Rabot et la Colombe sont
des outils à fût. La mise de leur fer en place, *en fût*
comme on dit, exige certaines précautions dont nous
devons dire quelques mots.

Pour mettre le fer en fût, on l'introduit dans la
lumière et on l'assujettit un peu avec le coin; puis,
bornoyant, c'est-à-dire regardant avec un œil fermé
le nez de l'outil tourné vers l'œil, on remarque de
quelle quantité le fer dépasse la planche de l'instrument, et s'il la dépasse bien également partout. S'il
dépassait plus à droite qu'à gauche, on donnerait un
petit coup de marteau sur le côté droit du haut du
fer dépassant en dessus de l'outil, afin de remettre le
taillant exactement sur la même ligne que la planche du fût. S'il y avait trop de fer, c'est-à-dire si la
partie saillante du tranchant était visiblement trop
considérable, on ferait rentrer le fer en donnant un
coup sec sur le talon du fût. Si, comme nous l'avons
dit, la lumière est trop étroite, il faut que le fer
n'ait que très-peu de saillie, afin qu'il n'enlève qu'un
copeau très-mince capable de passer par cette lumière
rétrécie. Voilà ce qu'on appelle *mettre en fût*, opération facile à exécuter, parce que le fer est moins large

par le haut que par le bas, et qu'en le faisant un peu incliner à droite ou à gauche, il devient aisé de placer le taillant dans la direction de la planche de l'outil. Quand le fer ne peut s'incliner ni à droite ni à gauche, la mise en fût doit en être faite par l'aiguisage sur la pierre, et alors l'opération est plus longue.

§ 4. OUTILS SERVANT A CREUSER.

Les outils spécialement destinés à creuser sont : l'*asse*, le *paroir*, le *jabloir*, le *ciseau* et la *gouge*, ces deux derniers empruntés au menuisier.

1. *Asse* ou *essette*.

L'ASSE, ASSAU, ASSETTE OU ESSETTE, est un des outils qui appartiennent d'une manière toute spéciale à la profession de tonnelier. Sa forme varie plus ou moins, quant aux détails, suivant les pays, tout en ayant la même destination; mais on y trouve les deux parties suivantes : 1° d'un côté, une espèce de marteau; 2° de l'autre, un fer tranchant recourbé en dessous, concave et arrondi, la courbe revenant chercher le manche, de façon qu'on ne peut couper qu'en tirant à soi.

L'Assau sert à couper le bois dans l'intérieur du tonneau pour le creuser en dedans ou l'arrondir. Quant au côté qui fait marteau, c'est avec lui qu'on frappe sur les douves pour les faire avancer ou reculer.

La lettre A, fig. XXIX, représente l'Essette ordinaire;

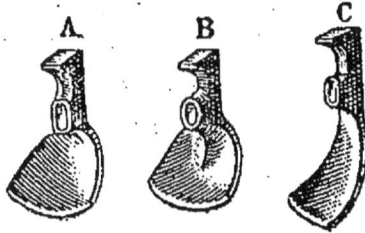

Fig. XXIX.

la lettre B, l'Essette dite d'*Argenteuil;* et la lettre C,
l'Essette appelée *flamande.*

La figure XXX montre une autre essette qui sert spécialement à rogner les bro-
ches. Cet outil a dans toute
la longueur du fer *a* 20
centimètres environ, et son
manche *b* est long de 30
centimètres. Le tranchant
a 6 centimètres de largeur;
le bout faisant marteau est
carré et n'a que 3 centimètres de côté; l'épaisseur varie entre 11 et 16 millimè-

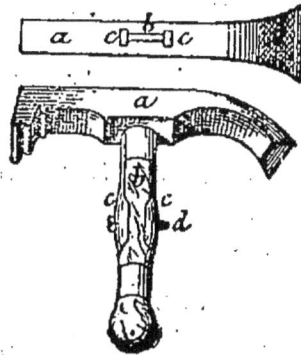

Fig. XXX.

tres. On conçoit que cet outil, s'il était emmanché à
demeure, serait très-difficile à repasser, la meule devant rencontrer le manche longtemps avant de toucher au biseau qui se trouve en dessous; c'est ce
qui a fait naître l'idée de faire ce manche mobile à
volonté, ce à quoi l'on parvient au moyen des deux
arrêts en fer *c, c,* lesquels sont maintenus par la vis
d qui traverse le manche. Il suffit d'ôter cette vis

pour que le manche vienne dans la main; alors, en
les tournant sur le côté, on peut retirer les arrêts *c*;
on remet le tout en place par les mêmes moyens
après le repassage.

2. *Paroir.*

Le PAROIR, qu'on appelle aussi ASSETTE, sert aux
mêmes usages que l'Asse,
et sa forme est à peu près
la même, sauf qu'il n'a point
de marteau : on frappe avec
la tête, qui est lourde et ro-
buste.

La figure XXXI représente
le *paroir ordinaire* (A), et le
paroir dit spécialement *asse* (B).

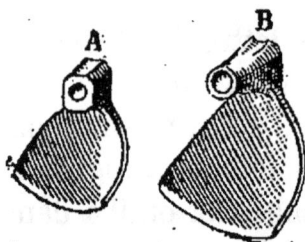

Fig. XXXI.

3. *Jabloir.*

Le JABLOIR, qu'on appelle aussi JABLOIRE, sert à
creuser à l'intérieur des tonneaux, près des extrémités, la rainure circulaire dans laquelle entrent les
fonds, et qu'on désigne sous le nom de *jable*.

Cet outil B (fig. XXXII) se compose de deux parties
principales, toutes les deux en bois : l'une *a*, qui en
est le corps; l'autre *b*, qui porte l'organe travailleur.

La pièce *a* est percée, vers les trois quarts de sa
hauteur, d'une ouverture carrée dans laquelle la
pièce *b* entre assez librement. Une fois que celle-ci a
été enfoncée dans l'ouverture à la profondeur voulue,

on la maintient en place au moyen d'un coin qu'on
enfonce à coups de marteau.

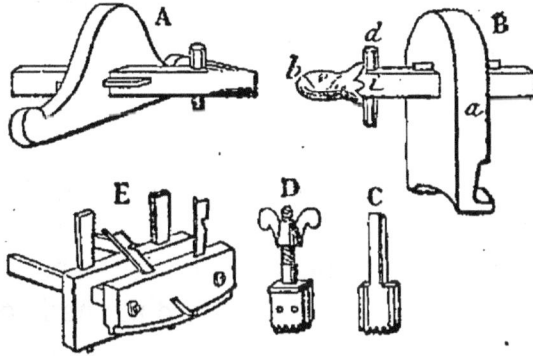

Fig. XXXII.

L'organe travailleur consiste en une sorte de ciseau d'acier C, court et d'une épaisseur plus ou
moins grande, qui se fixe dans un trou *i* de la pièce *b*,
soit avec un coin *d*, soit, ce qui vaut mieux, à l'aide
d'une vis et d'un écrou à oreilles D. Ce ciseau a le
tranchant denté en manière de scie.

Pour se servir du Jabloir, on fait porter le corps
de l'outil, c'est-à-dire la pièce *a*, horizontalement et
de plat sur le bord du tonneau, puis, saisissant la
pièce *b* par ses deux bouts, on imprime au tout un
mouvement de va-et-vient. On conçoit que, par
suite de ce mouvement, le fer denté attaque le bois
et y creuse une rainure.

On empêche l'outil de s'enfoncer trop profondément dans le bois au moyen d'un artifice fort simple.
Pour cela, le fer est logé dans une petite palette
munie de rebords, qui le soutient et le fait déborder de la quantité rigoureusement nécessaire
pour qu'il ne puisse entamer le bois plus qu'il ne

faut. De cette manière, quand la rainure est formée, la palette seule porte sur les douves, et l'on n'a pas à craindre que le jable ait une profondeur plus grande qu'il ne convient, que, par conséquent, la force du merrain ne se trouve trop affaiblie.

On voit en A, même figure, un autre Jabloir qui diffère du précédent en ce que la pièce qui fait fonction de support a la forme d'une portion de cercle. C'est cet outil qu'on appelle VERDONDAINE. Il est surtout employé pour les tonneaux d'un petit diamètre.

Comme les planches des fonds des cuves sont très-épaisses, il faut naturellement que le jable de ces pièces ait une profondeur et une largeur correspondantes. Dans ce cas, on se sert d'un BOUVET-JABLOIR qui, comme le montre le dessin E, même figure, n'est autre chose qu'un Bouvet de deux pièces armé, suivant les cas, soit d'un traçoir unique, soit de deux traçoirs.

4. Ciseau.

Le CISEAU (fig. XXXIII) est un outil plat, carré par le bas, et à un *seul biseau* par le bout. Il peut être fait tout d'acier; mais ce serait souvent une perte de matière inutile, parfois même une cause d'accidents. On le confectionne ordinairement en fer et en acier, surtout quand il doit avoir de grandes dimensions. Pour les petits modèles, le prix de la soudure, les

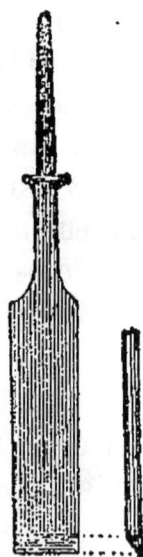

Fig. XXXIII.

Tonnelier. 5

soins et le temps qu'elle exige compenseraient et au-
delà le haut prix de l'acier, et alors on n'emploie
que l'acier.

Les longs côtés du Ciseau peuvent être droits. Cependant, on est dans l'usage de les incliner un peu,
et de manière que l'outil devienne insensiblement
plus large par le bout du taillant que par la partie
qui avoisine le *collet*. On appelle ainsi une partie
évidée, plus épaisse que le reste et assez habituellement renforcée par une arête : c'est cette partie qui
supporte l'*embase*, qui elle-même supporte la *soie*,
c'est-à-dire le prolongement carré qui entre dans le
manche.

Le dessus du Ciseau est ce qu'on appelle la *planche*
ou la *table*. Quand l'outil est de fer ou d'acier, c'est
la partie qui est faite de ce dernier métal. Elle doit
être parfaitement plane, et même recevoir un commencement de poli : l'outil est plus vif dans son tranchant.

On fait le taillant du Ciseau en usant la lame sur
la pierre, à son extrémité, et de manière à y former
un biseau qui présente, par le profil de son épaisseur, un angle de 30 à 35 degrés, c'est-à-dire un
angle plus petit que celui que forment en se rencon-
trant, une ligne horizontale et une ligne verticale.

La largeur des Ciseaux est très-variable. Il faut en
avoir un assortiment de différentes largeurs, depuis
$0^m.007$ jusqu'à $0^m.055$.

5. *Gouge.*

La GOUGE (fig. XXXIV) est un ciseau qui, au lieu d'être plat, est profondément cannelé en gouttière.

On ne donne pas à cet outil la forme arrondie qui le caractérise, uniquement pour qu'il la reproduise sur le bois, mais bien parce qu'elle lui permet de débiter davantage que le Ciseau plat.

« Toutes les fois, dit Paulin Désormeaux, qu'on se sert d'une Gouge dans l'intention de transmettre sa forme sur les matières ouvrées, le biseau du taillant

Fig. XXXIV

doit être pratiqué en dedans de la cannelure : c'est ainsi que sont affûtées la majeure partie des Gouges de menuiserie et de charpenterie. Quand on n'emploie la Gouge que pour dégrossir plus promptement, le biseau doit être en dehors, comme cela se pratique pour la Gouge du tourneur et certaines Gouges du menuisier.

« On conçoit, d'après cette explication, qu'on ne doit point acheter au hasard, sans se rendre compte de la destination de l'outil; car, dans la fabrication, on a eu égard à cette destination, et les Gouges ont l'acier en dedans ou en dehors de la cannelure, suivant qu'elles doivent être affûtées en dehors ou en dedans. Lorsque la Gouge est tout acier, on n'a point à faire attention à la destination : elle remplira toujours bien son objet, soit qu'on fasse le biseau en de-

dans ou en dehors ; mais une Gouge tout acier, surtout lorsqu'elle est forte, est chère et sujette à se rompre quand on la destine aux gros ouvrages, dans lesquels on l'emploie comme le Fermoir, sur lequel on frappe à coups de maillet. Elle a encore l'inconvénient d'être dure, par conséquent, difficile à affûter, tandis qu'une Gouge fer et acier est promptement rendue coupante, la partie fer pouvant être limée, et, dans tous les cas, s'usant plus facilement sur la pierre. On devra donc, pour les grosses Gouges, préférer celles en fer et acier, parce qu'elles résistent davantage et qu'elles coûtent moins. Les petites Gouges pourront sans inconvénient être tout acier. »

On affile les Gouges de deux manières : 1° en conservant le bout droit, c'est-à-dire d'équerre avec les longs côtés ; 2° en arrondissant ce bout, ce qui donne au taillant une double courbure, celle de la cannelure et celle de l'arrondi. La seconde manière est bien plus facile que la première, et l'outil coupe plus vivement ; mais, d'un autre côté, il ne coupe pas aussi régulièrement et aussi nettement que lorsqu'il a été affilé suivant l'autre méthode. C'est l'effet à produire qui décide de la manière d'opérer. Dans tous les cas, on ôte le morfil avec des pierres arrondies ayant un calibre en rapport avec celui de la cannelure. Il faut avoir bien soin que le taillant ne soit pas festonné, comme cela arrive quand l'opération n'est pas faite avec toute l'attention convenable.

La largeur des Gouges ordinaires varie de 0^m.014 à 0^m.035. Comme pour les outils précédents, il faut en avoir un assortiment.

6. Maillet.

Le MAILLET (fig. XXXV) est si connu qu'il serait presque inutile d'en donner la figure. Comme on sait, il se compose d'une masse de bois tronquée carrément à son extrémité. Cette pièce, faite d'un bois très-dur et peu sujet à travailler, est percée d'un trou rond, perpendiculaire à son axe ou à sa longueur, et traversant au milieu de part en part. Dans ce

Fig. XXXV.

trou on enfonce un manche d'un bois liant et peu susceptible de rompre. Il doit entrer de force et dépasser la tête du maillet de $0^m.218$ de longueur d'un côté, de $0^m.014$ environ de l'autre. Avec un Fermoir, on fend jusqu'à la tête cet excédant de $0^m.014$, et l'on place dans la fente un petit coin de bois, qu'on fait entrer de force le plus profondément possible. Comme on doit avoir eu soin de faire le trou cylindrique de la tête un peu plus évasé de ce côté que de l'autre, ses parois ne pressent pas d'abord la surface du manche. Le coin de bois peut dès lors pénétrer, même dans la partie du manche qui est logée dans la tête, jusqu'à la profondeur de $0^m.014$; il rend la fente plus profonde, grossit pour ainsi dire le manche, en séparant les deux parties qui le composent et entre lesquelles il s'insinue. Il les applique exactement et avec force contre les parois du trou. On coupe alors avec une scie toute la portion du manche qui excède, de ce côté, la tête du Maillet. Par suite de cette opération et du renflement qui en résulte à l'extrémité du manche, celui-ci ne peut plus se séparer de la tête, surtout si l'on a eu la précaution de donner un diamètre un peu plus grand à la portion par laquelle on doit le saisir et qui sort, de l'autre côté de la tête, de $0^m.217$ environ.

Toutes ces petites précautions, connues d'ailleurs du moindre ouvrier, sont indispensables si l'on veut avoir un bon Maillet. On en sentira l'importance si l'on réfléchit que c'est un des outils dont l'usage est le plus fréquent, et qu'on serait exposé à bien des pertes de temps s'il fallait revenir souvent à consolider le manche. Il vaut mieux, en le confectionnant, prendre un peu plus de peine pour n'avoir plus besoin d'y retoucher. Il faut avoir soin de ne pas fendre le manche dans le sens du fil du bois de la tête, mais en travers; sans cela on aurait à craindre que le coin la fît éclater. On doit aussi ne donner la dernière façon à la tête qu'après avoir emmanché.

La force de la tête, qui est ordinairement en bois de charme ou de frêne, varie suivant l'usage auquel on destine l'instrument. Il est bon d'en avoir plusieurs. En effet, tout son service est fondé sur la puissance du choc; mais on sait que la force communiquée au corps qui reçoit le choc est toujours d'autant plus petite que la masse de ce corps est plus grande, relativement au corps qui frappe : par exemple, que le Ciseau qui pèserait 500 grammes, frappé avec un Maillet pesant aussi 500 grammes, enfoncera moitié moins que s'il était frappé avec un Maillet de 1 kilogramme, mû avec la même force; qu'il enfoncera aussi moitié moins que ne le ferait dans les mêmes circonstances un Ciseau pesant seulement 250 grammes; et comme, d'un autre côté, il serait fatigant d'agir toujours avec un gros Maillet, quand il n'en faudrait qu'un petit, il convient de proportionner sa force à la nature de l'ouvrage. Ceux que l'on fait le plus ordinairement ont 0^m.189 de longueur sur 0^m.108 de diamètre.

Quelquefois, la tête du Maillet est frettée des deux côtés. Il dure

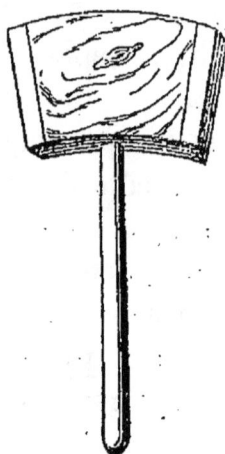

Fig. XXXVI.

alors plus longtemps et est d'un meilleur service. Quand il présente cette disposition (fig. XXXVI), on le dit *ferré*.

Observations.

Comme nous venons de le voir, les Ciseaux et les Gouges sont terminés par un manche en bois de forme cylindrique ou prismatique, et d'un diamètre toujours plus grand que celui du fer.

La partie amincie du fer, ou la *soie*, est enfoncée de force dans le manche. Pour cela on commence par percer dans ce dernier, avec une vrille, un petit trou dans lequel on fait entrer la pointe du fer que l'on tient dans la main gauche. On frappe alors quelques coups sur le manche, ce qui suffit si l'outil n'est pas très-fort, et il finit de s'assujettir par l'usage.

Si l'on veut fixer l'outil d'une façon invariable, il vaut mieux s'y prendre de la manière suivante : on prend une petite vrille avec laquelle on perce un petit trou à la base du cylindre et précisément au point central ; ensuite, prenant d'autres vrilles de plus en plus grosses, on les fait tourner l'une après l'autre dans le trou, de manière à l'amener peu à peu à un diamètre égal à celui de la partie du fer qui doit être enfoncée, pris à l'endroit le plus fort. Mais, comme cette soie va en diminuant jusqu'à l'extrémité, et que si le trou était égal dans toute sa profondeur, l'outil, quoique gêné près de l'orifice, serait trop à l'aise au fond et ballotterait dans le manche, il faut avoir soin d'enfoncer de moins en moins chaque vrille, à mesure qu'elles augmentent de grosseur, afin que le trou soit conique. Par ce moyen, la soie sera également serrée dans toute sa longueur, et l'outil solidement emmanché. Cette opération préliminaire terminée, on serre fortement l'outil dans les mâchoires d'un étau, en dirigeant la soie en haut. On fait entrer cette soie dans le trou du manche et on l'enfonce le plus possible. Enfin, on donne deux ou trois coups de maillet.

Lorsqu'on se sert de l'outil, les coups multipliés qu'il reçoit devraient faire pénétrer de plus en plus la soie dans le manche, et finir par le faire éclater. Il y a un préservatif contre cet accident. La soie, à $0^m.027$ ou $0^m.054$ de son extrémité, est munie d'une espèce d'élargissement ou d'un anneau circulaire fixe, qui ne permet pas au fer d'enfoncer davantage dans le bois.

§ 5. OUTILS A PERCER.

Les outils à percer sont : la *vrille*, la *tarière*, le *vilebrequin*, le *barroir*, la *bondonnière*, le *perçoir* et le *foret*.

1. Vrille.

Tout le monde connaît la VRILLE. C'est une mèche-cuiller, terminée par un tire-fond, qui l'appelle dans la matière et dispense d'appuyer autant qu'il faudrait le faire si elle n'était point pourvue de ce moyen.

On sait que cet outil sert à faire des trous de petites dimensions. Il a cela de commode qu'il porte son manche avec lui; mais il avance lentement et fait fendre le bois.

On donne quelquefois à la Vrille une disposition toute différente de celle que nous venons de décrire. On supprime la cuiller et on la remplace par des tours d'hélice à bords tranchants. Les vrilles ainsi construites sont dites *torses* ou *façon de Styrie*.

2. Tarières.

La TARIÈRE n'est souvent qu'une Vrille construite sur de beaucoup plus grandes dimensions. La poignée est beaucoup plus longue, et, pour la faire tourner, on se sert des deux mains. Quelquefois, cependant, le fer présente une différence remarquable. Quand on enfonce la Tarière à cuiller, les biseaux de la cuiller étant tournés dans le même sens, il n'y en a qu'un qui coupe le bois et l'autre, marchant à rebours, ne sert qu'au moment où l'on imprime à l'outil un mou-

vement contraire pour le sortir du trou. Dans ce cas,
le second biseau relève et détache les parcelles de bois
que le premier s'était borné à coucher. Toutefois, on
a trouvé le moyen de donner une utilité directe aux
deux biseaux des Tarières. Au-dessus de la vis conique, le fer est aplati, puis il se recourbe sur les bords
de manière à présenter deux biseaux dirigés, l'un en
avant, l'autre en arrière. Si l'on coupait le fer à cet
endroit et perpendiculairement à son axe, la coupe
aurait à peu près la figure d'un S. C'est en quelque
sorte deux cannelures accouplées ensemble et tournées en sens contraire. Pour peu que l'on réfléchisse,
on verra que, par suite de cette construction, les deux
biseaux doivent couper simultanément.

On reproche aux Tarières ordinaires d'exiger, outre
une certaine dextérité de la part de l'ouvrier, une
force et, par suite, une fatigue assez grande. En outre,
elles opèrent lentement. La *tarière en hélice* (fig.

Fig. XXXVII.

XXXVII), dont nous donnons le dessin, ne paraît pas
avoir ces inconvénients.

3. *Vilebrequin.*

De tous les instruments à percer, le VILEBREQUIN
(fig. XXXVIII) est celui dont l'usage est le plus étendu,
le plus sûr et le plus commode. On le fait en bois ou
en fer.

Le Vilebrequin en fer est préférable à celui en bois, même sous le rapport de l'économie, puisque ce der-

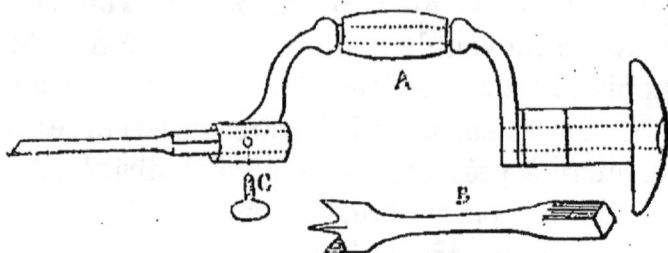

Fig. XXXVIII.

nier a besoin de fréquentes réparations. Il se compose premièrement d'une tête ayant à peu près la forme d'un champignon ou d'un gros manche de cachet, et percée au centre dans la direction de l'axe. La partie inférieure est munie d'une virole en métal, quand le Vilebrequin n'est pas en fer. La seconde pièce A ressemble un peu à un C ou à un croissant; à l'extrémité de sa branche supérieure est adapté à angle droit un boulon de fer qui la surmonte et s'enfonce dans le trou de la tête du Vilebrequin. L'extrémité de la branche inférieure de cette pièce est renflée et percée d'un trou vertical cylindrique ou, le plus souvent, carré, formant un conduit de $0^m.014$ à $0^m.018$ de long, percé latéralement d'un trou taraudé garni d'une vis de pression C. Dans ce carré, on fixe, à l'aide de la vis de pression, une *mèche* cylindrique ou carrée B. La figure achèvera de faire comprendre la forme de cette partie de l'instrument.

Quelques mots maintenant sur les *mèches* que le Vilebrequin est destiné à faire tourner.

La partie de la mèche, qui est spécialement destinée à percer, mérite une attention particulière. On lui donne différentes formes. La plus ancienne est celle d'un fer de gouge, dont le biseau serait relevé par le bas de manière à donner à la partie de la cannelure la forme d'une cuiller, dont la partie la plus large terminerait la mèche. Cette forme est la plus simple ; elle est particulièrement utile pour percer le bois debout, c'est-à-dire de manière que le trou soit parallèle à la longueur des fibres.

La mèche à trois pointes a l'avantage de faire les trous parfaitement ronds et plats au fond, au lieu d'avoir la forme de calotte que leur donne la *mèche à cuiller*.

4. *Vrille à barrer* ou *Barroir*.

La **VRILLE A BARRER** OU **BARROIR** (fig. XXXIX) est une longue Vrille dont la vis a le pas très-rampant. Elle n'a pas moins de $0^m.013$ à $0^m.014$ de diamètre, et une longueur d'environ $1^m.25$. Elle sert à percer les trous dans lesquels on doit enfoncer les chevilles qui soutiennent la *barre* du fond des tonneaux, et c'est de là que lui vient son nom.

La lettre A montre le barroir tout monté. La lettre B indique la disposition de la mèche du barroir ordinaire, et la lettre C celle de la mèche dite *mâconnaise*.

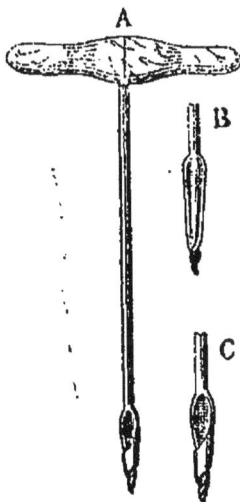

Fig. XXXIX.

5. *Bondonnière.*

On donne le nom de BONDONNIÈRE à une espèce de
Tarière conique au moyen de laquelle on perce, au
milieu du bouge d'un tonneau, le trou évasé destiné
à recevoir la bonde ou bondon. Sa mèche, d'excellent
acier, est longue de 0^m.16 à 0^m.20. Elle présente la
forme d'un demi-cône creusé en dedans et tranchant
par les bords. Enfin, son diamètre est de 0^m.05 à
0^m.06 vers la base, et l'extrémité opposée, qui forme
la pointe du cône, est limée en vis de vrille. On tourne
l'outil jusqu'à ce qu'il ne trouve plus à mordre, ou
bien jusqu'à ce que le trou soit de la grandeur voulue.

La lettre A, fig. XL, représente la Bondonnière or-

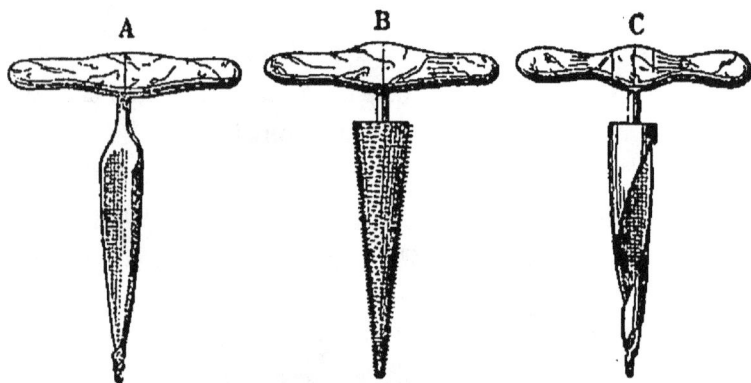

Fig. XL.

diuaire, à cuiller unie, et la lettre C, même figure, la
Bondonnière, également à cuiller unie, mais dite *de
Mâcon.* Cette dernière est bien préférable.

Comme pour percer, avec l'un ou l'autre de ces
outils, un trou évasé dans une planche mince, et un

trou d'un assez grand diamètre, il faut prendre beaucoup de précautions pour ne point fendre le bois ni le
faire éclater, et que, malgré toutes les attentions
qu'on peut avoir, cette opération est encore difficile,
le bois ne devant pas être écorché, mais coupé également net sur le bout et sur le fil, on les a dotés de
perfectionnements très-utiles.

La figure XLI représente un de ces nouveaux instruments. Il se rapproche as-
sez de l'ancien modèle relativement à la cuiller *a*, mais on
y a ajouté un manchon ou
cône tronqué *b*, qui est placé
suivant l'inclinaison des côtés
de la cuiller. Ce manchon est
cannelé à vive-arête, ainsi
que nous l'avons dessiné, ou
bien il est taillé en râpe. Lorsque la cuiller a fait le trou
dont nous venons de parler,
on le rode et on l'agrandit à
l'aide du manchon *b*. La Bon-

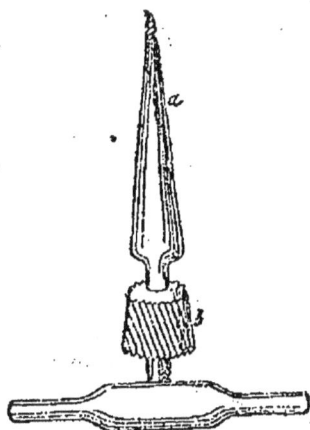

Fig. XLI.

donnière, dont le cône est en râpe, ou qui, sans être
munie de ce cône, a une partie de sa cuiller disposée
en râpe, est dite *à cuiller piquée*.

La figure XL, dont nous venons de parler, représente une autre Bondonnière qui est taillée en râpe
sur tout le cône : c'est une Bondonnière *pleine piquée*.
Avec cette Bondonnière, on commence par percer un
petit trou avec une mèche ordinaire, puis on l'agrandit au moyen de la râpe, qui le fait très-régulier,

sans risquer de fendre la douve, ni de la faire éclater.

On n'a pas encore jugé tous ces outils suffisants,
puisqu'on en a fait qui sont encore plus compliqués
et qui réunissent les qualités diverses de ceux déjà
connus. Telle est, entre autres, la Bondonnière dite
mâconnaise (fig. XLII). Comme les autres, elle forme
un cône entièrement rond jus-
qu'au tiers de sa hauteur *a*.
Ce cône, qui est parfaitement
dressé à l'extérieur et fait sur
le tour, est fendu sur le côté
en *b*, et, dans cette fente, est
logé un fer bretté qui se fixe
à l'intérieur au moyen de la
vis *c*, et qui, par le haut, près
le collet de la Bondonnière,
tient en *d* au moyen de la pression, attendu qu'il est entré
juste. Ce fer bretté peut être
retiré à volonté en ôtant la vis

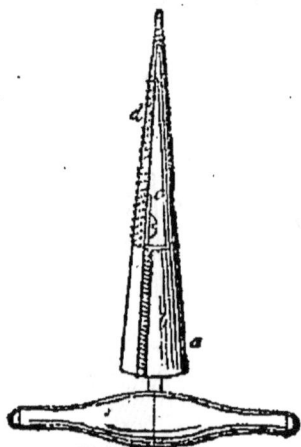

Fig. XLII.

c; cette facilité est nécessaire lorsqu'il s'agit de limer
le fer pour le rendre coupant; mais on a rarement
besoin de faire cette opération, car ce fer n'est pas
sujet à s'émousser promptement. A partir du tiers de
sa hauteur, le cône est coupé, et le haut forme une
cuiller, comme à l'ordinaire, affûtée, bien tranchante
le long de ses côtés, et terminée par une vis en vrille;
de plus, la partie convexe *d* de la cuiller est taillée
en râpe. On peut ne faire entrer cette Bondonnière
que de la quantité qu'il est rigoureusement nécessaire,

et quelle que soit la profondeur où elle s'arrête, le trou est toujours parfaitement rodé.

Une autre Bondonnière dite *du brasseur*, fonctionne également très-bien, mais elle fait un trou cylindrique et non un trou évasé. La figure XLIII en fera comprendre le mécanisme.

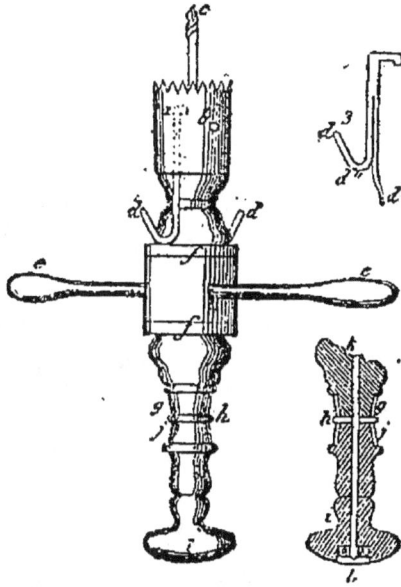

Fig. XLIII.

a est une douille d'acier taillée sur son champ supérieur en scie de jardinier, c'est-à-dire à dents alternées. Cette douille est retenue sur le fût au moyen d'une broche transversale *b* non rivée, et qui peut être enlevée à volonté, lorsqu'il s'agit de limer les dents de la scie. Au milieu du fût est placée à demeure la vrille *c*.

La scie, ou *trépan a*, enlevant le morceau, qui est encore maintenu par la tige de la vrille *c*, il devien-

drait impossible de retirer le disque enlevé, si on
n'avait prévu cette difficulté en mettant par-dessus
la douille, dans des encastrements pratiqués pour les
recevoir, les deux repoussoirs *d d* vus à part même fig.

Ces repoussoirs sont faits en fer écroui ; au moyen
de la paillette *d'*, ils font ressort doux en montant et
en descendant. Quand on veut vider la douille *a*, du
disque de bois qui la remplit, on frappe sur les
coudes *d''* des repoussoirs *d*, et alors la pièce enlevée
ressort facilement. Pour les remettre en place, on
frappe sur le bout recourbé *d³*.

Le trépan tourne au moyen de deux leviers *e e* faits
en bois dur et liant, et qui sont emmanchés dans le
fût, renforcé à cet endroit par deux frettes en fer *f f*.
Ce fût est terminé par une virole en fer épais *g* qui
frotte contre la rondelle en cuivre *h*. La poignée *i* est
également renforcée par une virole en fer épais *j*.
Voici comment cette poignée est assujettie : l'arbre *k*
(même fig.) est enfoncé à demeure dans le fût ; il traverse la poignée *i* dans laquelle il passe à frottement
doux, puis il reçoit sur son extrémité filetée un écrou
de maintien qui est serré avec une clé à goujon, et
qui est entièrement noyé dans le champignon. Nous
ferons observer, en passant, que cette Bondonnière
se fabrique, comme les précédentes, à cuiller unie, à
cuiller piquée, à cuiller pleine piquée, etc.

6. *Râpe à bois.*

La RAPE A BOIS (fig. XLIV) ne sert pas proprement
à percer, mais à terminer certains trous, à leur donner

certaines façons. C'est une espèce de lime qui, au
lieu d'être sillonnée de raies croisées en différents
sens, est hérissée de dents saillantes soulevées avec

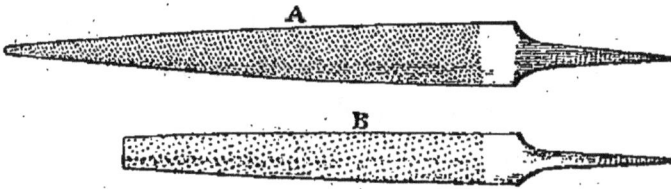

Fig. XLIV.

une pointe de fer. Il y en a de bien des formes différentes; les unes A sont cylindriques, d'autres B plates,
d'autres cylindriques d'un côté et aplaties de l'autre;
presque toutes sont plus étroites à l'extrémité qu'à la
base; d'autres sont plus ou moins rudes. Enfin, il en
est quelques-unes dont la soie est coudée de manière
à faire angle droit avec la lime proprement dite;
elles sont très-commodes lorsqu'on veut agir dans
une partie déjà creusée, où ne pourraient pénétrer
commodément les autres limes.

§ 6. INSTRUMENTS SERVANT A MESURER.

Les instruments spécialement destinés à effectuer
les opérations de mesurage sont : le *mètre*, le *compas
de division* et le *compas à calibrer*.

1. Mètre.

On sait que le MÈTRE est l'unité de nos mesures de
longueur. Il est trop connu pour qu'il soit nécessaire

d'en donner la description. Dans sa forme la plus simple, il consiste en une règle de bois dont les deux extrémités sont munies d'une petite garniture de fer ou de laiton afin qu'elles ne puissent s'user, ce qui diminuerait la justesse de l'instrument. Pour mesurer les distances plus grandes que le mètre, on emploie souvent un DOUBLE MÈTRE, c'est-à-dire une règle ayant deux fois la longueur du mètre et construite de la même manière que la précédente. Enfin, pour les distances plus petites, on se sert souvent d'un DEMI-MÈTRE, d'un DOUBLE DÉCIMÈTRE, d'un DÉCIMÈTRE, qui ne sont autre chose que des règles ayant exactement la longueur qu'indiquent leurs noms respectifs.

Pour faciliter le transport et l'emploi du mètre, on le divise très-souvent en plusieurs parties, qui, réunies bout à bout par un pivot, s'abattent l'une sur l'autre. Ainsi, il y a des mètres en cinq parties et en dix parties. Ceux qui présentent cette disposition sont désignés sous le nom de MÈTRES PLIANTS. On fait aussi usage de mètres en deux parties.

Nous venons de dire que le demi-mètre est une règle d'une seule venue. Toutefois, il arrive fréquemment qu'on brise cette règle par le milieu. Dans ce cas, l'instrument se compose de deux branches dont l'une est creuse et reçoit à frottement l'autre, qui est mobile. Par ce moyen, il peut être allongé ou raccourci de moitié, ce qui le rend très-portatif et surtout très-commode dans certaines circonstances. L'outil doit porter cinquante divisions ou centimètres; mais il est important de remarquer qu'elles sont numérotées en sens inverse, et que le vingt-sixième centimètre, au lieu d'être porté à l'extrémité de la branche mobile qui pénètre la première dans la branche creuse, et par conséquent du côté le plus rapproché du vingt-cinquième centimètre, est placé à l'autre bout ; par ce moyen, lorsque cette branche est entièrement tirée, la cinquantième division est la plus rapprochée de la vingt-cinquième. Lors donc que l'on veut savoir combien de centimètres marque l'instrument, il faut regarder au point de la règle mobile, le plus voisin de la règle creuse ; un coup-d'œil jeté sur le Demi-Mètre fera facilement comprendre tout cela.

2. *Compas de division.*

Chacun sait que le COMPAS DE DIVISION OU COMPAS ORDINAIRE se compose de deux tiges de bois ou de métal, pointues à un bout et réunies par l'autre au moyen d'une charnière qui permet de les écarter ou de les rapprocher à volonté, de telle sorte qu'elles peuvent former des angles de tous les degrés.

Cet instrument sert non-seulement à prendre des mesures, mais encore à tracer des cercles ou des portions de cercle, et à exécuter diverses opérations de géométrie. Il est ordinairement en fer avec des pointes d'acier. Les branches sont à moitié cylindriques, et leur longueur est habituellement de $0^m.189$ à $0^m.217$; mais, pour certains usages, on en fait qui sont longues de $0^m.406$ à $0^m.540$.

On reconnaît qu'un Compas est bon, quand, en l'ouvrant et le fermant, la main éprouve une résistance toujours égale. S'il s'ouvre et se ferme par saccades, c'est un signe qu'il n'est pas d'un bon emploi, et il faut absolument le rejeter; car ce vice est irrémédiable, à moins d'une réparation dont la dépense pourrait être égale au prix de l'instrument.

Le tonnelier se sert aussi d'un Compas de fer plat dont la longueur est d'environ 0m.80, et que les ouvriers appellent improprement FAUSSE ÉQUERRE DE FER.

Quelle que soit la longueur du Compas qu'on emploie, il est bon de le munir d'un quart de cercle divisé. Cette pièce accessoire, en assurant l'immutabilité de l'instrument, lui permet de fonctionner avec une précision qu'il est très-difficile d'obtenir sans cela.

3. *Compas à calibrer.*

Le Mètre pliant et le Demi-Mètre en deux parties permettent de mesurer la distance intérieure de certains ouvrages; mais il faut pour cela que cette distance soit suffisamment grande. Quand elle est trop petite, il est nécessaire de se servir du COMPAS A CALIBRER, plus connu sous le nom bizarre de MAITRE-A-DANSER, et qui, malheureusement, n'est pas assez usuel chez les tonneliers, auxquels il éviterait bien des tâtonnements.

Cet instrument (fig. XLV) se compose de deux branches réunies par une charnière, et qui, d'un côté, sont courbées en arc de cercle, tandis que, de l'autre, elles sont droi-

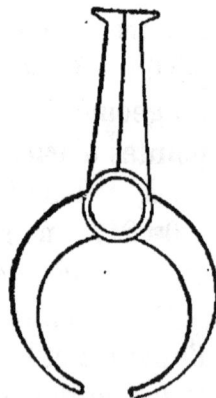

Fig. XLV.

tes avec les extrémités tournées en dehors. Les pointes du croissant servent à prendre les distances extérieures, et avec les parties tournées en dehors, on relève les dimensions intérieures.

Le Compas est juste si l'écartement qui sépare les pointes du croissant est, à tout angle d'ouverture, égal à l'espace compris entre les bouts des parties tournées en dehors.

§ 7. INSTRUMENTS SERVANT A TRACER.

Les instruments servant à tracer sont : la *règle*, l'*équerre*, le *compas à pointes changeantes*, le *compas du tonnelier*, le *compas à verge* ou *grand trusquin*, et les *calibres*.

1. Règle.

La RÈGLE sert à tracer les lignes droites; mais, si elle n'est pas juste, les lignes sont nécessairement mal tracées. Il est donc nécessaire de savoir vérifier une Règle.

Pour s'assurer qu'une Règle est bien droite, beaucoup d'ouvriers se contentent de bornoyer, c'est-à-dire de placer l'œil dans la direction de l'arête. Ce procédé n'est pas mauvais; mais il demande une très-grande habitude. Les suivants sont plus exacts et ont, en outre, l'avantage de pouvoir être employés par tout le monde.

On applique la Règle à vérifier sur une autre Règle qu'on sait être bonne; puis, tournant à droite ce qui était à gauche, on applique le même côté de cette

Règle sur le même endroit de la Règle d'épreuve, qu'on n'a pas changée de place. On peut être assuré de la parfaite exactitude de la Règle si, dans les deux cas, les deux Règles se sont appliquées parfaitement l'une sur l'autre, ce dont on s'assure en regardant à contre-jour si la lumière ne passe pas entre elles.

On peut aussi tirer une ligne droite avec la Règle, sur une planche bien plane. On fait ensuite tourner la Règle autour de la ligne tracée, qui joue le rôle de charnière, jusqu'à ce que, son même bord passant toujours par les extrémités de la ligne, elle soit venue s'appliquer sur l'autre côté de la planche. Si la Règle est parfaitement droite, la ligne tracée doit suivre encore bien exactement le bord de la Règle. Si la Règle est défectueuse, cette coïncidence n'a pas lieu, et chaque défaut étant reproduit en sens contraire, devient plus apparent en se doublant.

2. *Equerre.*

L'ÉQUERRE sert à mener des perpendiculaires, ainsi que des parallèles. C'est ordinairement un triangle rectangle en bois, dans l'épaisseur duquel on a pratiqué un trou pour en faciliter le maniement. Quelquefois, il se compose de deux règles, fixes ou mobiles, qui se joignent de manière à former un angle droit; mais cette disposition est moins commode que la précédente.

Dans tous les cas, de quelque façon qu'une Equerre soit faite, il faut la vérifier. On commence par s'assurer si les bords en sont bien dressés, et l'on obtient ce résultat en essayant chaque côté de la même manière qu'on essaie une règle ordinaire. Cette opération terminée, on fait coïncider l'un des côtés de l'angle droit avec une ligne droite bien tracée, puis on tire une seconde ligne droite le long du second côté de l'angle droit. Retournant alors l'Equerre, on fait coïncider de nouveau le premier côté de l'angle droit avec la première ligne droite, et si l'instrument est exact, le second côté de l'angle droit doit coïncider entièrement avec la seconde ligne droite.

3. *Compas à pointes changeantes.*

Nous avons vu que le Compas ordinaire peut servir à décrire des circonférences entières et des arcs. Toutefois, l'instrument qui est le plus propre à cet usage est le COMPAS A POINTES CHANGEANTES. Comme le premier, il se compose de deux branches de métal terminées par des pointes; mais l'une de ces pointes est mobile et peut être remplacée à volonté par un porte-crayon ou par un tire-ligne.

4. *Compas du tonnelier.*

L'instrument appelé COMPAS DU TONNELIER (fig. XLVI) a une très-grande ressemblance avec celui du layetier. Il consiste en une pièce de bois très-flexible, recourbée en forme d'arc. Les deux extrémités de l'arc sont garnies d'une virole et l'on plante dans chacune d'elles une

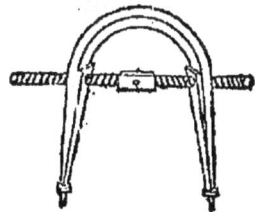

Fig. XLVI.

broche d'acier. Enfin, elles se rapprochent ou s'é-
cartent au moyen d'une longue vis qui pénètre à
travers le corps de l'instrument. Cette vis est à droite
d'un côté et à gauche de l'autre, en sorte que, quand
on tourne dans un sens, on fait ouvrir, tandis qu'on
rapproche en tournant dans le sens contraire.

5. *Compas à tracer.*

Le Compas du tonnelier ne pouvant tracer que de
petites circonférences, on emploie, dans les circonstances où il est insuffisant, le COMPAS A TRACER. C'est
un compas de très-grande dimension, qui a la forme
du Compas ordinaire ou Compas à diviser, et qui sert
à tracer les fonds de cuve. Cet instrument (fig. XLVII)
se compose de deux longues
branches en bois, garnies de
fer à la pointe. Au quart environ de sa longueur, à partir
de la tête, se trouve une portion de cercle en métal, qui
est arrêtée par un bout sur
l'une des branches, tandis que
le bout opposé traverse une
ouverture faite exprès dans

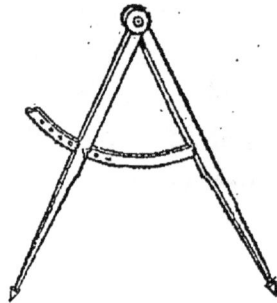

Fig. XLVII.

l'autre branche, où elle peut être arrêtée à volonté
au moyen d'une vis de pression.

Le Compas à tracer étant d'un emploi très-difficile,
on le remplace souvent par le Compas à verge dont
la manœuvre est beaucoup plus aisée.

6. *Compas à verge.*

Le COMPAS A VERGE, que les ouvriers appellent quelquefois GRAND TRUSQUIN (fig. XLVIII),se compose d'une

Fig. XLVIII.

longue tringle de bois ayant ordinairement $0^m.027$
d'équarrissage, et depuis 2 mètres jusqu'à 4 mètres de
longueur. L'un de ses bouts est encastré à mortaise et
d'une manière fixe dans une planche épaisse de $0^m.027$,
haute de $0^m.108$, large de $0^m.081$ par en haut et arrondie en dessous. Cette planche est traversée perpendiculairement à la longueur de la tringle par une
pointe en fer qui sort en dessous d'environ $0^m.027$.
L'autre bout de la traverse glisse à frottement dans
une mortaise carrée pratiquée au milieu d'une autre
planche semblable en tout à la première, et armée de
même d'une pointe de fer ou d'acier : cette seconde
planche est par conséquent mobile.

Les deux planches sont, à proprement parler, les
deux branches de cette espèce de compas. La tringle
horizontale tient lieu de charnière et règle l'écartement des branches. On fixe où l'on veut la planchette
mobile, par un moyen bien simple. Pour cela, elle est
percée du haut en bas d'une mortaise perpendiculaire, un peu conique, qui passe à côté de la mortaise
horizontale, et la pénètre d'environ $0^m.002$. Lorsque

la mortaise horizontale a reçu la tringle, on place dans la mortaise verticale un petit coin de bois; à mesure qu'on l'enfonce, il presse la tringle qu'il rencontre contre la paroi latérale opposée de la mortaise horizontale, et par suite de cette pression, ne lui permet pas de glisser : ce moyen est assez mauvais. La pression de ce coin, qu'on appelle la *clef*, sillonne d'empreintes rapprochées tout un des côtés de la tringle, et le rend raboteux; comme l'indique notre figure, il vaudrait bien mieux percer le haut de la planchette d'un trou taraudé qui irait aboutir à la mortaise, par conséquent aussi à la tringle, et dans lequel on mettrait une vis de pression qui n'aurait pas cet inconvénient, et qu'on ferait mouvoir bien plus aisément que le coin. Du reste, la mobilité de cette planchette permettant d'écarter ou de rapprocher à volonté les deux pointes, et la tringle pouvant avoir jusqu'à 4 mètres de long, on sent qu'on peut tracer avec le Compas à verge des cercles ayant depuis 4 mètres jusqu'à 8 mètres de diamètre : il suffit de placer une des pointes au centre, et de s'en servir comme d'un pivot autour duquel on fait tourner l'autre pointe.

La figure XLIX représente un Compas à verge per-

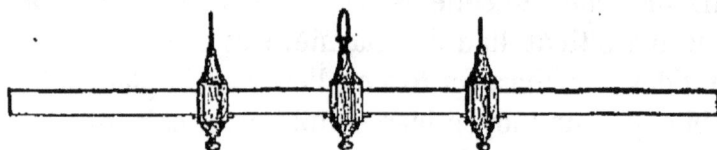

Fig. XLIX.

fectionné. Les deux pointes en sont mobiles et munies

de vis de pression. En outre, il porte un porte-crayon, également mobile, qui se fixe également en place au moyen d'une vis semblable.

Deux clous et un simple cordeau suffisent pour remplacer au besoin le Compas à verge, et tracer, s'il le faut, des portions de cercle d'un plus grand diamètre. On fait une petite boucle à chaque bout, choisi à cet effet de la longueur nécessaire. On fait passer un clou dans chacune de ces boucles. Ils tiennent lieu de pointes, et le cordeau bien tendu remplace passablement la tringle. Il suffit de le faire tourner autour d'un des clous, et l'autre décrit une courbe dont tous les points sont éloignés du centre d'une distance constamment égale à la longueur de la corde.

7. *Calibres.*

Les CALIBRES (fig. L) sont des planches taillées suivant des dimensions déterminées que les tonneliers emploient comme modèles pour travailler les douves et les traversins. On les appelle aussi *patrons, crochets, clés, serches, panneaux,* etc., suivant les localités. Ils varient nécessairement selon la forme et les dimensions des futailles; mais on les fait toujours pour la partie la plus large, c'est-à-dire pour celle qui correspond au bouge.

Fig. L.

§ 8. OUTILS SERVANT A ASSEMBLER.

Les outils servant à assembler sont : les *cercles*, le *bâtissoir*, les *chassoirs* ou *chasses*, le *tiretoir* ou *tire à barrer*, l'*utinet*, l'*étanchoir* et le *tire-fonds*.

1. Cercles.

Les CERCLES (fig. LI) sont tout simplement des cercles de fer qui donnent la dimension exacte des futailles. Le tonnelier en a de différentes grandeurs pour faire les pièces de toute espèce de jauges.

Dans plusieurs localités, on appelle les cercles BATISSOIRS ou BATISSOIRES, parce que c'est dans ces outils qu'on assemble les douves,

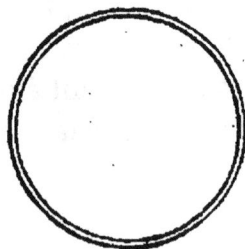

Fig. LI.

qu'on *bâtit* les tonneaux ; mais, en général, on donne spécialement ce nom à un appareil beaucoup plus compliqué dont nous allons parler.

2. Bâtissoir.

On appelle BATISSOIR ou ÉTREIGNOIR un appareil qui sert à faire courber les douves d'un tonneau, quand on le bâtit. Il y en a deux, l'un à vis, pour les cuves, l'autre à treuil, pour les tonneaux.

La figure LII représente le *Bâtissoir des cuves*. Il est composé d'un bâti *a a*, d'une traverse mobile *b*, d'une forte vis *c* et d'une corde *d d*. On enveloppe avec la corde la cuve qu'on veut relier, puis, en tournant la manivelle de la vis, on fait remonter la traverse *b*, ce qui serre fortement la corde. La figure LIII

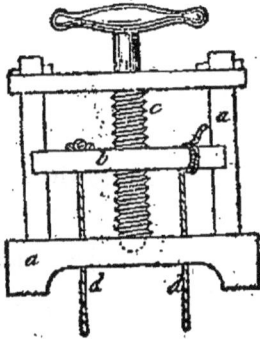

Fig. LII.

Fig. LIII.

montre un autre appareil du même genre, mais d'une forme un peu plus élégante.

La figure LIV représente le *Bâtissoir des tonneaux*.

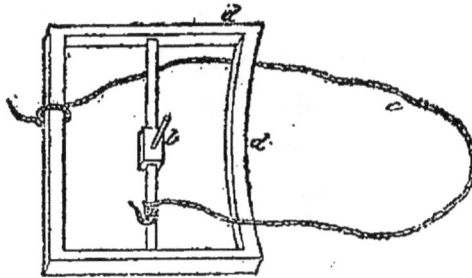

Fig. LIV.

C'est un petit treuil *b* assujetti dans un châssis *d d*, et sur lequel la corde *c* s'enveloppe. On fait le garrot de ce treuil assez long pour qu'il soit possible d'arrêter le treuil au point voulu. A cet effet, l'œil du treuil est assez grand pour laisser glisser facilement le garrot. Quand on est arrivé à la pression voulue, on retire un peu le garrot et on le fait porter sur la traverse du châssis, ce qui arrête le mouvement de rotation et donne le temps de poser un cerceau sur le tonneau retreint. Enfin, lorsque ce cercle est posé, on desserre le bâtissoir.

3. *Chassoirs* ou *Chasses*.

Les CHASSOIRS OU CHASSES sont des espèces de coins en bois ou en fer que le tonnelier appuie sur le cercle qu'il *chasse*, c'est-à-dire qu'il veut faire descendre vers le bouge du tonneau, et sur lesquels il frappe avec le maillet. Par ce moyen, il n'endommage point le cercle.

Les Chassoirs en bois durent moins que ceux en fer ; mais les maillets se détériorent bien plus promptement sur ces derniers. Aussi, n'emploie-t-on pour les cercles en bois que les Chasses en bois, et l'on réserve les Chassoirs en fer pour les cercles en fer. Les coins de bois ne sauraient servir à ce dernier usage, leur angle serait trop promptement détruit, parce que c'est cet angle qui supporte toute la fatigue.

La figure LV représente des Chassoirs de plusieurs modèles. A B sont des Chassoirs en fer et à main. D E F sont également des Chassoirs à main, mais en bois. Celui qu'indique la lettre D est muni de deux viroles, et celui que désigne la lettre F est armé d'un cercle d'acier : ce dernier est généralement connu sous le nom de *chasse d'Argenteuil*.

La lettre C montre le Chassoir pour les cuves, lequel a près de 0m.30 de longueur. Il est *à œil*, c'est-à-dire

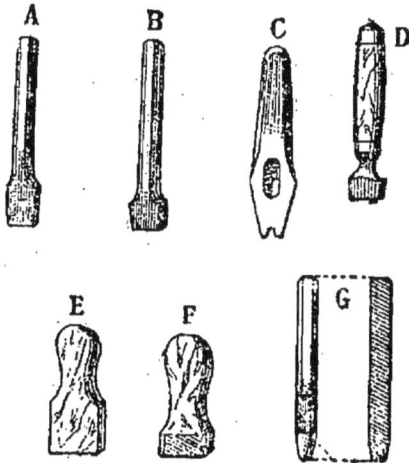

Fig. LV.

percé d'un trou dans lequel on met un manche et un ouvrier frappe dessus, tandis qu'un autre ouvrier le tient en place. Comme l'indique le dessin, il va en s'amincissant par le bas, où il est creusé en gorge de manière à présenter deux vives arêtes. Il y a ordinairement 0m.017 d'une arête à l'autre, et l'épaisseur de l'outil à cet endroit est de 0m.40. Enfin, l'épaisseur à l'endroit de l'œil est de 0m.40 à 0m.45.

Le Chassoir G est en fer et destiné spécialement à chasser les rivets. Aussi, l'appelle-t-on CHASSE-RIVETS.

4. *Tiretoir.*

Le TIRETOIR ou TIRE A BARRER sert à faire entrer de force les derniers cerceaux. Il y en a de plusieurs sortes.

Le *tiretoir ordinaire* (fig. LVI) se compose d'une pièce de bois, longue d'environ $0^m.50$ et arrondie par le bout, qui sert de manche. Le haut de cette pièce est aplati et garni de plaques de forte tôle *b*. Vers le milieu de la longueur, il y a une mortaise dans laquelle entre et est retenue par une forte goupille en fer l'extrémité d'une barre de fer *c* mobile, longue de 20 centimètres et demi environ, dont le bout *a* est recourbé et forme crochet. Cet outil est destiné au travail des tonneaux.

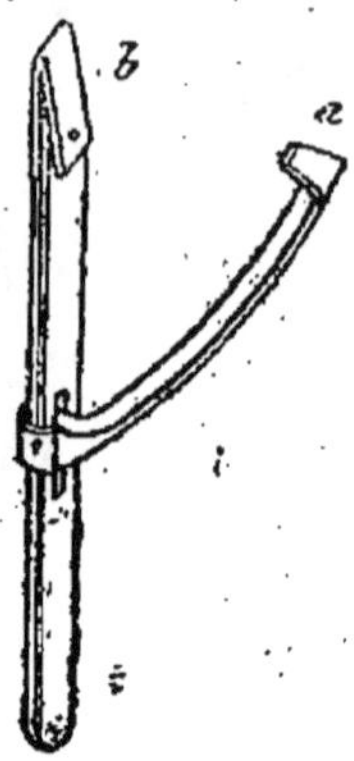

Fig. LVI.

Le Tiretoir pour les cuves (fig. LVII) est construit à peu près comme le précédent, mais il est beaucoup plus fort et plus long. De plus, le crochet, au lieu d'être d'une seule pièce, tient au manche par un ou plusieurs chaînons en fer.

La figure LVIII représente une Tire à barrer pour les tonneaux d'une forme plus moderne. On la désigne ordinairement sous le nom de CHIEN. *a* est un morceau d'orme tourné; *b* est le manche; *c* la tête garnie en forte tôle que des clous ou rivures maintiennent en place. *d* est une garniture en forte tôle ou en fer battu des-

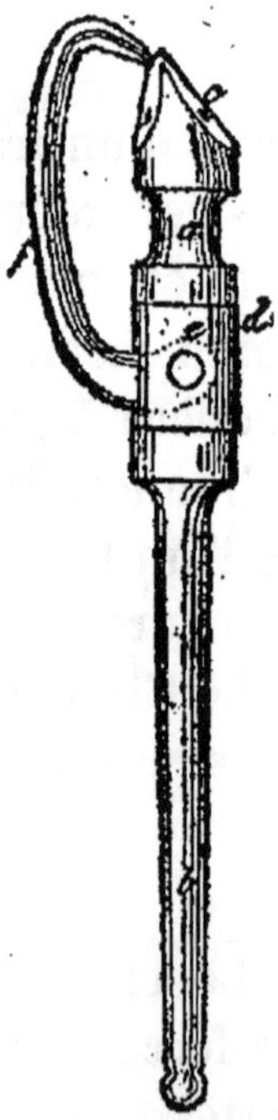

Fig. LVII.   Fig. LVIII.

tinée à renforcer l'endroit de la mortaise et à appuyer la goupille *e*, qui fatigue beaucoup et qui doit conséquemment être forte. Cette goupille étant fortement rivée par les deux bouts assujettit solidement la garniture. *f* est le bras en fer qui s'élargit à l'endroit où il se recourbe en crochet. Sur cet élargissement on réserve une arête pour renforcer le coude qui fatigue beaucoup.

5. *Utinet.*

L'UTINET (fig. LIX) n'est autre chose qu'un très-petit maillet en bois ou en cormier, muni d'un manche très-long et très-flexible. Il sert à faire revenir les douves qui sont trop enfoncées dans le jable ou qui en sont dehors.

Fig. LIX.

6. *Etanchoir.*

L'ÉTANCHOIR sert à introduire de l'étoupe entre deux douves mal jointes et, en général, à boucher toutes les fissures qui peuvent se produire dans les parois d'une futaille.

Quelquefois, cet outil n'est autre chose qu'un couteau fait en forme de serpe; mais il vaut mieux le construire comme l'indique la figure LX. Sous cette forme, il a généralement $0^m.08$ de hauteur sur $0^m.035$ de largeur vers le bas.

Fig. LX.

7. *Tire-fond.*

Le TIRE-FOND est une espèce de gros piton (fig. LXI) dont la vis est à pas double et va un peu en cône : les deux pointes du double filet doivent être friandes. Nous verrons plus loin quel est son usage.

Outre les tire-fonds ordinaires A, il y en a qu'on appelle *façon de Mâcon*, qui sont garnis d'acier, et d'autres B qu'on nomme *façon d'Orléans*, qui sont munis d'une embase, etc.; mais les modifications qui les distinguent sont trop peu importantes pour que nous nous y arrêtions.

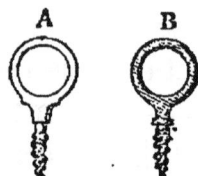

Fig. LXI.

§ 9.   OUTILS SERVANT A DIVERS USAGES.

Nous rangeons dans cette section divers outils qui n'ont pu trouver place dans les divisions précédentes, tels que le *grippe-talus*, le *dévertagoir*, le *goujonnoir*, la *rouanne*, la *cochoire*, etc.

1. *Grippe-talus.*

Le GRIPPE-TALUS (fig. LXII) est un outil de fer qui est long de 16 centimètres, épais de 8 à 10 millimètres, et large de 15 millimètres par le bas. A l'endroit où il est courbé, le fer est aplati et l'espèce de tranchant qu'il

Fig. LXII.

forme a 35 millimètres. On réserve en *b* un heurtoir sur lequel on frappe avec le marteau, tandis que du côté *c* il est très-aplati, afin de pouvoir, au besoin, servir d'étanchoir.

2. *Le Dévertagoir.*

On appelle DÉVERTAGOIR une espèce de petit ciseau (fig. LXIII), long d'environ $0^m.12$, qui est coudé par le bas comme un pousse-avant. Il est carré dans sa coupe jusqu'à son coude *a*, où il commence à s'élargir, et son tranchant *b* a $0^m.02$ de largeur. Cet outil

Fig. LXIII.

sert à couper les broches et à égaliser l'orifice des trous.

3. *Le Goujonnoir.*

Le GOUJONNOIR (fig. LXIV, en élévation) est un outil

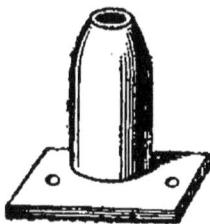

peu connu et cependant très-commode. Dans certains pays, on *goujonne* le fond des cuves et des grosses pièces, c'est-à-dire que les planches ne sont pas simplement juxta-posées, mais qu'elles sont encore assemblées au moyen

Fig. LXIV.

de *goujons* de bois. On nomme ainsi des cylindres de bois gros comme le petit doigt, un peu plus, un peu moins, selon l'épaisseur du traversin, et longs de 10 centimètres environ, qu'on fait entrer mi-partie dans une planche et mi-partie dans celle qui l'avoisine ; on fait les trous avec une mèche ordinaire. Ces cylindres seraient très-longs à faire à la

main, on ne pourrait même leur donner une forme
régulière qu'en les tournant. Or, c'est précisément afin
de pouvoir les fabriquer très-vite et, en même temps,
très-régulièrement, qu'a été inventé le Goujonnoir. A
cet effet, on taille grossièrement un morceau de bois
de fil, qui doit être un peu plus fort que le goujon à
faire; puis, après lui avoir donné un peu d'entrée en
faisant un bout moins fort que l'autre, on fait entrer
cet endroit affaibli dans le trou du Goujonnoir. Ce
trou est garni d'acier et est tranchant tout autour de
son orifice. Le bois engagé y est chassé à coups de
marteau ou de maillet, et il sort par-dessous parfaitement rond et calibré. Des trous servent à fixer le
Goujonnoir avec des vis sur un morceau de bois dur,
qui est aussi percé vis-à-vis du trou.

Il y a des Goujonnoirs qui ont plusieurs trous as-
sortis, dans lesquels on peut faire des goujons de diverses grosseurs. Celui que nous avons dessiné est
long de près de 20 centimètres, large de 25 millim.,
épais de 3 centimètres à l'endroit du trou; les extrémités vont en s'amincissant.

4. *Rouanne.*

La ROUANNE est l'outil avec lequel chaque tonnelier marque les futailles qu'il fabrique, ce qui s'appelle *rouanner*. L'habileté de l'ouvrier consiste à savoir s'en servir de manière à exécuter toute espèce de
signes, chiffres, lettres, etc. Cet outil se compose d'une
partie agissante en fer aciéré et d'un manche de bois
assez court pour que la main puisse le contenir. Il
présente une pointe centrale qui joue le rôle de la

pointe fixe du compas, et un ou plusieurs tranchants latéraux ou *cercles* recourbés en forme de gouge, dont les uns tracent des courbes et les autres des droites. Le modèle que nous avons représenté (fig. LXV) est à deux cercles.

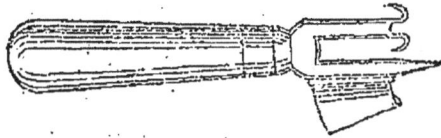

Fig. LXV.

Au lieu de la Rouanne, quelques tonneliers se servent d'empreintes de fer, qu'ils appliquent sur le fond des pièces, après les avoir fortement chauffées. Ce système est également employé, et souvent exclusivement, dans les ateliers très-importants.

5. *Cochoire* ou *Serpe*.

La COCHOIRE OU SERPE DU TONNELIER sert à couper le merrain quand on commence à le dégauchir. Elle

s'emploie aussi pour faire sur les cercles les *encoches* ou entailles avant de les lier avec de l'osier. C'est même là sa principale destination. Au reste, elle est propre aux mêmes usages que la Serpe ordinaire; mais elle est préférable à celle-ci, en ce qu'elle est plus commode.

On donne différentes formes aux Cochoires. Celle que représente le dessin ci-joint (fig. LXVI) est une des plus modernes, on peut même dire la meilleure.

Fig. LXVI.

6. *Cerceaux de sûreté.*

Les CERCEAUX OU CERCLES DE SURETÉ sont des cercles de fer formés de parties mobiles *a b c d* qui s'assemblent solidement au moyen d'un ou plusieurs écrous *e* convenablement disposés. Ils servent à consolider provisoirement les tonneaux peu solides qui doivent être réparés ou transportés. La figure LXVII donne une

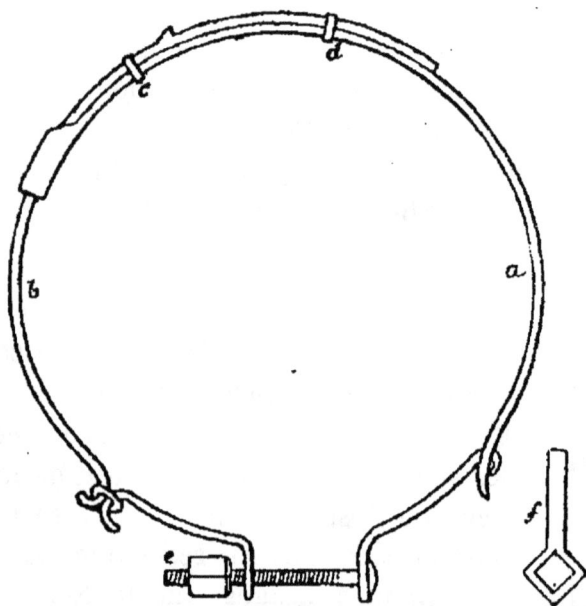

Fig. LXVII.

idée exacte de ces instruments. Elle en représente un tout monté et accompagné de la *clé f* au moyen de laquelle on serre ou desserre les écrous.

Observations.

Outre les outils et instruments qui précèdent, le tonnelier en emploie aussi quelques autres; mais ces derniers sont peu importants. Ceux que nous venons de décrire peuvent suffire à presque tous les besoins. Nous parlerons des plus utiles à mesure que nous les rencontrerons en traitant de la fabrication des tonneaux.

TROISIÈME PARTIE

NOTIONS DE GÉOMÉTRIE ET OPÉRATIONS GRAPHIQUES.

———

CHAPITRE PREMIER.

Notions de Géométrie.

———

PREMIÈRE SECTION.

DÉFINITIONS.

———

1. *Volume et Surface.*

Le *volume* d'un corps est la partie limitée de l'espace que ce corps occupe ; sa *surface* est la limite de son volume.

Le volume a trois dimensions : la longueur, la largeur et la hauteur ou la profondeur. La surface n'en a que deux, la longueur et la largeur.

2. *Ligne et Point.*

On appelle *ligne* l'intersection de deux surfaces, et *point* chacune des extrémités d'une ligne.

La ligne n'a qu'une dimension, la longueur. Quant au point, on ne lui en reconnaît aucune.

En géométrie pratique, on est obligé de considérer le point matériellement : on l'exprime par la trace que fait sur le papier la pointe d'un compas ou d'un crayon, ou le bec d'une plume. De même, la ligne s'indique par le trait que forme le passage d'une plume ou d'un crayon. On la regarde aussi comme la trace d'un point qui se meut dans une direction quelconque.

3. *Différentes sortes de lignes.*

On distingue trois sortes de lignes, savoir : la *ligne droite*, la *ligne brisée* et la *ligne courbe*.

Par *ligne droite*, on entend toute ligne qui a la même direction dans toute sa longueur (fig. LXVIII). Il suit de là :

Fig. LXVIII.

1° Que la ligne droite est le plus court chemin d'un point à un autre, puisqu'elle ne présente aucun détour;

2° Qu'entre deux points donnés on ne peut mener qu'une seule ligne droite, car il n'y en a qu'une seule qui puisse exprimer le plus court chemin qui les sépare;

3° Que deux points suffisent pour déterminer la position d'une ligne droite, puisqu'on ne peut en mener qu'une entre eux;

4° Que si deux lignes droites ont deux points communs, elles coïncident dans toute leur étendue;

5° Que deux lignes droites ne peuvent se rencontrer ou se couper qu'en un seul point, car si elles avaient deux points communs, elles auraient la même direction, coïncideraient ensemble, et ne formeraient, par conséquent, qu'une seule et même ligne droite.

Une *ligne brisée* est une ligne composée de lignes droites (fig. LXIX) se joignant par leurs extrémités,

Fig. LXIX.

sans être dans la même direction. On l'appelle aussi *ligne polygonale*.

Enfin, une ligne qui n'est ni droite, ni composée de lignes droites, est ce qu'on nomme une *ligne courbe* (fig. LXX).

Fig. LXX. Fig. LXXI.

Comme le montre la figure LXXI, on peut mener un très-grand nombre de lignes courbes entre deux points donnés.

Envisagées sous le rapport de la position qu'elles peuvent avoir, les lignes sont *verticales, horizontales, perpendiculaires, obliques* ou *parallèles*.

Par *ligne verticale*, on entend une ligne droite tracée dans la direction suivant laquelle les corps pesants tombent lorsqu'ils sont abandonnés à eux-mêmes. Cette ligne se dirige donc de haut en bas, et, si elle était prolongée indéfiniment, elle irait passer par le centre de la terre. Elle se vérifie avec un fil à plomb, qui doit la cacher dans toute sa longueur, si elle ne penche ni à droite ni à gauche.

Une *ligne horizontale* est une droite dont tous les points sont également éloignés du centre de la terre. Elle est donc tracée dans la direction du niveau des eaux tranquilles, et elle coïnciderait avec le sol, si celui-ci était parfaitement plat. On la vérifie avec une règle sur laquelle on pose un niveau à perpendicule, semblable à celui dont se servent les maçons. La ligne est horizontale, si le fil à plomb du niveau recouvre exactement la *ligne de foi*, c'est-à-dire la ligne creusée au centre de l'instrument.

Une *ligne perpendiculaire* est une droite D C (fig. LXXII) qui en rencontre une autre A B, sans pencher vers l'une ni l'autre des extrémités de celle-ci. Le point C où a lieu la rencontre des deux lignes est le *pied* de la perpendiculaire.

Il résulte de la définition :

1° Que chacun des points d'une perpendiculaire est également éloigné de deux points situés sur la seconde ligne, à égale distance du pied de la perpendiculaire;

2° Qu'une droite est perpendiculaire à une autre,

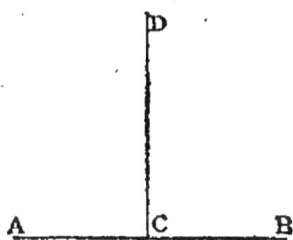

Fig. LXXII.

toutes les fois qu'elle a deux de ses points également distants de deux points quelconques situés sur cette autre, l'un à droite et l'autre à gauche, à la même distance du point de rencontre.

On ne doit pas confondre la perpendiculaire avec la verticale, car une perpendiculaire suppose toujours une autre ligne et peut n'être point verticale. La ligne horizontale, dont il a été question plus haut, est perpendiculaire à la verticale, comme la verticale est perpendiculaire à l'horizontale.

C'est un principe de géométrie que par un point quelconque pris sur une droite, on ne peut élever qu'une seule perpendiculaire.

On appelle *ligne oblique* une droite D C (fig. LXXIII) qui en rencontre une autre A B, en penchant plus ou moins vers l'une ou l'autre des extrémités de cette droite. Il suit de là que les obliques qui s'écartent également du pied de la même perpendiculaire sont égales entre elles.

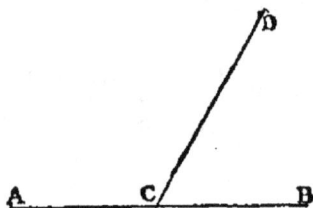

Fig. LXXIII.

On entend par *lignes parallèles* des droites qui, situées dans le même plan, ne peuvent pas se rencontrer à quelque distance qu'on les prolonge. Les droites A B, C D, E F (fig. LXXIV) sont des parallèles.

Fig. LXXIV.

Les lignes brisées ne donnent lieu à aucune considération particulière; mais il n'en est pas de même des lignes courbes, comme nous allons le voir.

4. *Circonférence et Ellipse.*

Les lignes courbes qu'il importe le plus de bien connaître sont la *circonférence* et l'*ellipse*.

A. *Circonférence.*

La *circonférence* ou *ligne circulaire* ABCD (fig.

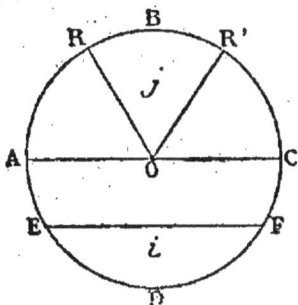

Fig. LXXV.

LXXV) est une courbe tra-cée sur un plan, et dont tous les points sont égale-ment distants d'un point in-térieur O nommé *centre*. L'espace limité par cette li-gne s'appelle *cercle*.

Dans le langage ordinai-re, on emploie souvent les mots *cercle* et *circonférence* l'un pour l'autre; mais, pour ne pas faire confusion, il faut se rappeler que le cercle est une surface, et la circonférence une ligne.

On appelle *rayon* toute droite OR, OR' qui va du centre à la circonférence, et *diamètre* toute droite AC qui joint deux points de la circonférence en passant par le centre.

D'après la définition de la circonférence, on voit :

1° Que tous les rayons sont égaux ;

2° Que tous les diamètres sont également égaux, et, de plus, doubles du rayon.

Par *arc*, on entend une portion déterminée de la circonférence, comme E D F.

La *corde* ou la *sous-tendante* d'un arc est la droite E F (même figure) qui joint les deux extrémités de cet arc.

Enfin, on nomme *segment de cercle* une portion de cercle comprise entre un arc et sa corde; et *secteur* une portion de cercle comprise entre un arc et les deux rayons qui aboutissent à ses extrémités. Dans la figure, la lettre *i* indique un segment, et la lettre *j* un secteur.

En général, on appelle *sécante* toute droite A B (fig. LXXVI) qui coupe la circonférence. Les diamètres et les cordes, si on les prolongeait, seraient des sécantes.

On nomme *tangente* une ligne C D (même figure) qui n'a qu'un point de commun avec la circonférence. Ce point commun est le *point de contact*.

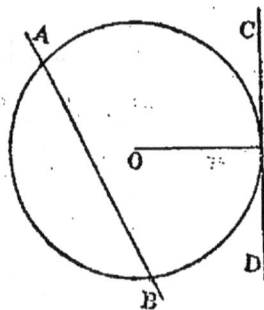

Fig. LXXVI.

Les géomètres divisent la circonférence en 360 parties égales appelées *degrés*, chaque degré en 60 parties égales appelées *minutes*, chaque minute en 60 parties égales appelées *secondes*, chaque seconde en 60 parties égales appelées *tierces*. D'après cela, un *quadrant*, ou le quart de la circonférence, est un arc de 90 degrés. On représente les degrés par un zéro (°), les minutes par une virgule ('), les secondes par deux virgules ("), et les tierces par trois virgules (''').

D'après cela, l'expression 12° 5' 4" 10''' doit se lire :
12 degrés 5 minutes 4 secondes 10 tierces.

B. *Ellipse.*

On donne le nom d'*ellipse* ou d'*ovale* à une courbe
ABCD (fig. LXXVII),
telle que la somme des
distances Fm, F'm
du point m à deux
points intérieurs fixes
F F' est constamment
la même.

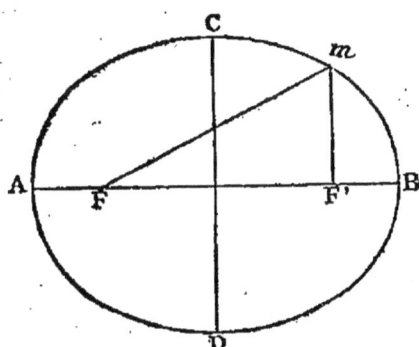

Les deux points fixes
F F' sont les *foyers* de
l'ellipse. La droite AB

Fig. LXXVII.

en est le *grand axe*, et la droite CD le *petit axe*.

5. *Plans.*

Par *plan* ou *surface plane*, on entend une surface
unie et sur laquelle une ligne droite peut s'appliquer
exactement dans tous les sens. La surface d'une glace
polie ou d'une feuille de papier bien tendue en sont
des exemples.

Toute surface qui n'est ni plane, ni composée de
surfaces planes, est une *surface courbe*. En regardant
une boule, on se formera une idée suffisante des surfaces de ce genre.

Quand deux plans se coupent, la droite suivant laquelle ils se rencontrent, est leur *intersection*.

On dit que deux plans sont *parallèles*, lorsqu'ils sont partout également distants l'un de l'autre.

6. *Angles.*

On appelle *angle* la figure que forment deux droites AB, AC (fig. LXXVIII) qui, partant du même point

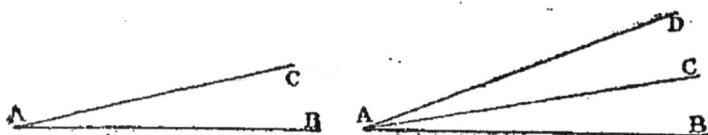

Fig. LXXVIII. Fig. LXXIX.

A, vont dans des directions différentes. On dit aussi que c'est l'espace compris par deux droites qui se rencontrent.

Les *côtés* d'un angle sont les droites AB, AC, qui le forment. Son *sommet* est le point A où ces lignes se rencontrent.

Quand un angle est seul, on le désigne ordinairement par une seule lettre, qui est toujours celle du sommet. Quand plusieurs angles ont le même sommet, on désigne chacun d'eux par trois lettres, en plaçant celle du sommet au milieu. Ainsi, pour désigner l'angle formé par les droites AB et AC (fig. LXXVIII), on dit simplement l'*angle* A. Mais, pour énoncer celui qui est compris entre les lignes AB et AC (fig. LXXIX), il faut dire l'*angle* BAC, parce que, si l'on disait simplement l'*angle* A, on ne saurait si l'on veut parler de l'angle BAC ou de l'angle DAC.

Les angles sont susceptibles d'augmentation et de

diminution : ils sont également comparables entre eux. Mais la grandeur d'un angle ne dépend nullement de la longueur de ses côtés, car on peut toujours augmenter ou diminuer la longueur de ces derniers sans que leur ouverture change.

La *mesure d'un angle* est le nombre de degrés et de fractions de degrés que renferme l'arc compris entre ses côtés et décrit de son sommet pris comme centre. L'angle ROR' (fig. LXXV), par exemple, a pour mesure l'arc RR'.

Dans la pratique, on mesure les angles avec un instrument nommé *rapporteur*, et qui n'est autre chose qu'un demi-cercle en corne ou en métal dont le bord ou limbe est divisé en 180 degrés. On comprend, en effet, qu'en plaçant le sommet de l'angle à mesurer sur le centre du rapporteur, on doit trouver, sur le limbe, l'indication de la grandeur numérique de l'arc compris entre les côtés de l'angle.

Un *angle droit* est celui dont les côtés sont perpendiculaires entre eux. Tel est le cas des angles ACD, DCB (fig. LXXII).

On démontre en géométrie :

1° Que tous les angles droits sont égaux entre eux;

2° Que la somme de tous les angles formés du même côté d'une droite par plusieurs droites qui rencontrent cette ligne au même point, est égale à deux angles droits;

3° Que la somme de tous les angles formés autour d'un même point, est égale à quatre angles droits.

L'angle droit vaut toujours 90 degrés, c'est-à-dire

le quart de la circonférence. Il a donc une grandeur constante, bien déterminée. Aussi, l'a-t-on choisi pour unité de mesure des angles.

On donne le nom d'*angle aigu* à tout angle plus petit qu'un angle droit, et celui d'*angle obtus* à tout angle plus grand qu'un angle droit. D'après cela, un angle de 60 degrés est aigu, et un angle de 100 degrés est obtus. L'angle BCD (fig. LXXIII) est un angle aigu, et l'angle ACD, même figure, est un obtus.

L'angle que les ouvriers appellent *onglet*, ou, ce qui vaut mieux, *anglet*, est un angle aigu égal à la moitié d'un angle droit, c'est-à-dire un angle de 45 degrés.

Les lignes droites ne sont pas les seules qui forment des angles. Les lignes courbes en font aussi, et il en est de même des lignes courbes associées avec des lignes droites.

Les angles formés par des lignes courbes sont des *angles curvilignes* (fig. LXXX), et les angles formés

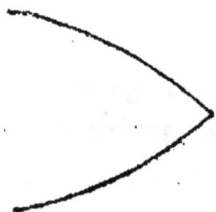
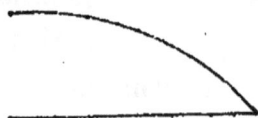

Fig. LXXX.   Fig. LXXXI.

par la rencontre d'une droite et d'une courbe sont des angles mixtilignes (fig. LXXXI).

7. *Figures polygonales.*

On appelle *figure polygonale* ou simplement *polygone* toute surface plane terminée de toutes parts par des lignes droites.

On distingue les figures de ce genre par le nombre des droites qui les limitent, et qui sont les *côtés* du polygone.

La somme des côtés d'un polygone se nomme le *périmètre* ou le *contour* de ce polygone.

Un polygone ne peut avoir moins de trois côtés, mais il peut en avoir un nombre infini. Dans tous les cas, il a toujours autant d'angles que de côtés.

La droite qui joint les sommets de deux angles opposés d'un polygone, en d'autres termes, qui joint deux sommets non adjacents aux mêmes côtés, est une *diagonale*. Ainsi, les deux droites qui se croisent au point O, fig. LXXXIX, sont autant de diagonales.

Les *polygones réguliers* sont ceux qui ont tous leurs angles et tous leurs côtés égaux, et l'on appelle *polygones irréguliers* ceux qui ont des angles et des côtés inégaux.

On nomme :

Triangle le polygone qui n'a que trois côtés (fig. LXXXII à LXXXVI);

Quadrilatère, celui qui en a quatre (fig. LXXXVII à XCII);

Pentagone, celui qui en a cinq (fig. XCIII);

Hexagone, celui qui en a six (fig. XCIV);

Heptagone, celui qui en a sept (fig. XCV);

Octogone, celui qui en a huit;

Ennéagone, celui qui en a neuf;

Décagone, celui qui en a dix;

Dodécagone, celui qui en a douze;

Pentédécagone, celui qui en a quinze.

Les autres polygones n'ont pas de noms particuliers : on les désigne par le nombre de leurs côtés.

Nous venons de voir que le *triangle* n'a que trois côtés : c'est le plus simple des polygones.

On distingue six sortes de triangles, savoir :

Le triangle *équilatéral*, qui a tous ses côtés égaux (fig. LXXXII);

Le triangle *isocèle*, dont deux côtés seulement sont égaux (fig. LXXXIII);

Fig. LXXXII.   Fig. LXXXIII.

Le triangle *scalène*, dont tous les côtés sont inégaux (fig. LXXXIV);

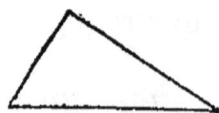 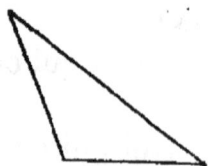

Fig. LXXXIV.   Fig. LXXXV.

Le triangle *rectangle*, qui a un angle droit (fig. LXXXV);

Le triangle *obtusangle*, qui a un angle obtus;

Le triangle *acutangle*, dont tous les angles sont aigus.

La *base* d'un triangle est le côté quelconque sur lequel on suppose ce triangle appuyé. Le sommet de l'angle opposé à ce côté est le *sommet* du triangle. Enfin, la *hauteur* de ce même triangle est la perpendiculaire abaissée du sommet sur la base ou sur le prolongement de celle-ci. Ainsi, fig. LXXXVI, A B est la base du triangle ABD, tandis que D en est le sommet, et CD la hauteur. Dans le triangle rectangle, le côté opposé à l'angle droit se nomme *hypoténuse*.

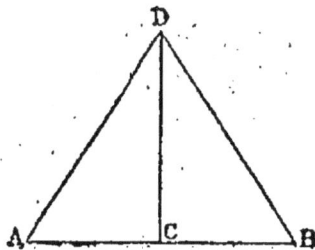

Fig. LXXXVI.

Il y a autant de sortes de *quadrilatères* que de triangles, c'est-à-dire six, savoir :

Le *carré*, qui a les quatre angles droits et les quatre côtés égaux (fig. LXXXVII);

Le *losange*, qui a les quatre côtés égaux, sans que les angles soient droits (fig. LXXXVIII);

Le *rectangle*, qui a les angles droits sans avoir les côtés égaux (fig. LXXXIX);

Le *parallélogramme* ou *rhombe*, qui a les côtés opposés égaux deux à deux et parallèles, sans que ses angles soient droits (fig. XC);

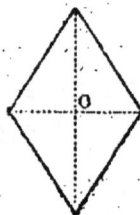

Fig. LXXXVII.   Fig. LXXXVIII.   Fig. LXXXIX.

Le *trapèze,* dont deux côtés seulement sont parallèles (fig. XCI);

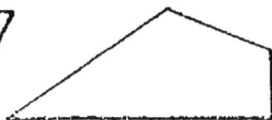

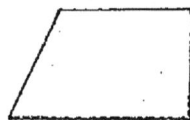

Fig. XC.   Fig. XCI.   Fig. XCII.

Le *trapézoïde* ou *quadrilatère proprement dit,* dont les quatre côtés et les quatre angles sont inégaux (fig. XCII).

Les figures XCIII à XCV représentent : l'une un pentagone, l'autre un hexagone, la troisième un heptagone.

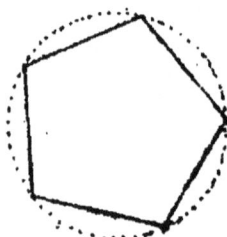

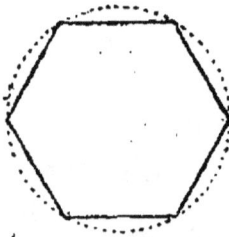

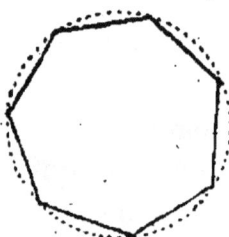

Fig. XCIII.   Fig. XCIV.   Fig. XCV.

Dans tout quadrilatère qui a deux côtés parallèles, la *hauteur* est la perpendiculaire abaissée d'un de ces côtés sur le côté opposé ou sur son prolongement.

8. *Figures inscrites, figures circonscrites.*

On appelle *figure inscrite* une figure rectiligne, c'est-à-dire limitée par des lignes droites, dont tous les sommets des angles sont sur une circonférence.

La figure XCVI montre un carré inscrit.

On donne le nom de *figure circonscrite* à toute figure dont les côtés sont tangents à une circonférence. Tel est le cas du carré fig. XCVII.

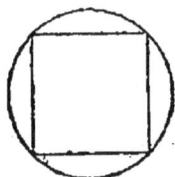 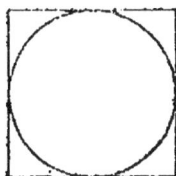

Fig. XCVI.   Fig. XCVII.

Réciproquement, une circonférence est inscrite ou circonscrite, suivant qu'elle touche tous les côtés d'une figure rectiligne, ou qu'elle contient tous les sommets des angles de cette figure.

9. *Polyèdres.*

On appelle *solide polyèdre* ou simplement *polyèdre* un corps ou solide qui est terminé de toutes parts par des plans ou des surfaces planes.

Les *faces* d'un polyèdre sont les plans qui le terminent. Ses *arêtes* ou *côtés* sont les droites suivant lesquelles ces plans se réunissent. Ses *sommets* sont les sommets des angles solides formés par ces mêmes plans, et l'on donne le nom de *diagonale* à toute droite qui joint deux sommets non situés dans la même face.

On dit qu'un polyèdre est *régulier* quand toutes ses faces sont des polygones réguliers égaux, et que tous ses angles solides sont aussi égaux. Tout polyèdre qui ne remplit pas cette condition est dit *irrégulier*. Le *centre* d'un polyèdre régulier est un point intérieur également éloigné de tous ses sommets.

Polyèdres réguliers.

Il y a cinq polyèdres réguliers, savoir :

Le *tétraèdre*, qui est formé par quatre triangles équilatéraux (fig. XCVIII);

L'*hexaèdre* ou *cube*, qui est formé par six carrés égaux (fig. XCXIX);

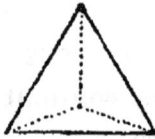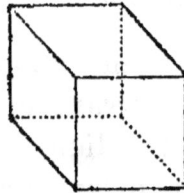

Fig. XCVIII.   Fig. XCXIX.

L'*octaèdre*, qui est formé par huit triangles équilatéraux (fig. C);

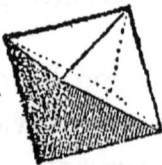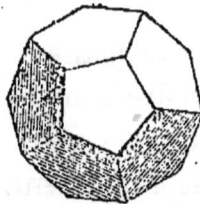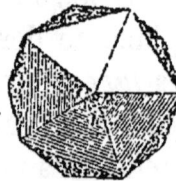

Fig. C.   Fig. CI.   Fig. CII.

Le *dodécaèdre*, qui est formé par douze pentagones (fig. CI);

L'*icosaèdre*, qui est formé par vingt triangles équilatéraux (fig. CII).

Polyèdres irréguliers.

Le nombre des polyèdres irréguliers est illimité. On comprend, en effet, qu'on peut en former des quantités infinies en disposant d'une manière quelconque toutes les variétés de polygones.

La *pyramide* est un polyèdre terminé par plusieurs faces triangulaires qui ont toutes leur sommet au même point et pour bases respectives les côtés d'un polygone (fig. CIII). Le sommet commun de ces faces A est le *sommet* de la pyramide, et la *base* de celle-ci le polygone BCDE, qui termine inférieurement le polyèdre. On appelle *hauteur* d'une pyramide la perpendiculaire abaissée de son sommet sur le plan de sa base.

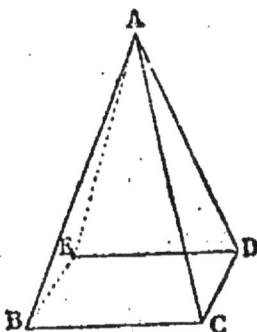

Fig. CIII.

Une pyramide est dite *triangulaire*, *quadrangulaire*, *pentagonale*, etc., suivant qu'elle a pour base un triangle, un quadrilatère, un pentagone, etc.

La pyramide triangulaire, qu'on appelle aussi très-souvent *tétraèdre*, c'est-à-dire polyèdre à quatre faces, est le plus simple de tous les polyèdres.

Le *prisme* est un polyèdre formé par plusieurs parallélogrammes qui se terminent de part et d'autre à deux polygones égaux et parallèles (fig. CIV, CV).

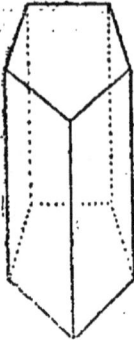 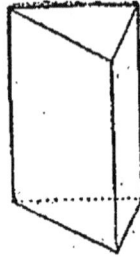 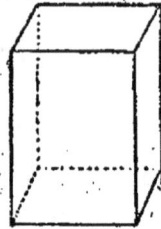

Fig. CIV.   Fig. CV.   Fig. CVI.

Les parallélogrammes sont les *pans* du prisme. Les deux polygones en sont les *bases*. Enfin, la *hauteur* est la perpendiculaire menée d'un point de l'une des bases sur l'autre. On dit qu'un prisme est *droit*, quand ses arêtes latérales, c'est-à-dire celles qui vont d'une base à l'autre, sont perpendiculaires à ces bases. Dans tout autre cas, il est *oblique*. Les polygones des bases pouvant être des triangles, des quadrilatères, des pentagones, etc., il en résulte qu'un prisme peut être *triangulaire, quadrangulaire, pentagonal,* etc.

Le *parallélipipède* n'est autre chose qu'un prisme dont les bases sont des parallélogrammes. Ce polyèdre a six faces, toutes parallélogrammiques (fig. CVI).

Un parallélipipède est dit *droit*, quand ses arêtes sont perpendiculaires aux plans des bases, et oblique dans tous les autres cas.

Un *parallélipipède rectangle* est tout simplement

un parallélipipède droit dont les bases sont des rectangles.

Le parallélipipède dont les six faces sont des carrés se nomme *cube* : c'est le polyèdre que nous avons dit plus haut être un hexaèdre régulier (fig. XCXIX).

10. *Corps ronds.*

Les *corps ronds* sont des solides terminés par des surfaces courbes. Les plus remarquables sont le *cylindre*, le *cône* et la *sphère*.

Cylindre.

On donne le nom de *cylindre* à un solide produit par un rectangle A B C D (fig. CVII) qu'on suppose tourner autour d'un de ses côtés B C, qui reste immobile. Dans ce mouvement, les côtés A B, D C, toujours perpendiculaires à B C, décrivent deux cercles égaux, qui sont les *bases* du cylindre, tandis que la ligne A D, appelée *génératrice*, décrit une surface courbe, qui est la *surface latérale* du cylindre : le côté immobile B C est la *hauteur* ou l'*axe* du cylindre.

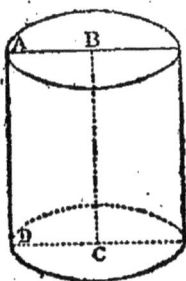

Fig. CVII.

Cône.

Le *cône* est formé par la révolution d'un triangle rectangle A D C (fig. CVIII) autour d'un des côtés A D de l'angle droit. Ce solide a pour *base* le cercle B *m* C *n*, décrit par D C, pour *sommet* le point A, pour *axe* ou *hauteur* la droite A D, et pour *génératrice* ou *côté* l'hypoténuse A C.

Si l'on coupe un cône par un plan parallèle à sa base, puis qu'on enlève la partie supérieure A E G F (même figure), le solide restant est ce qu'on appelle un *cône tronqué* ou un *tronc de cône.* Ce solide a pour *axe* ou *hauteur* la ligne G D, et pour *bases* les cercles B m C n et E o F i.

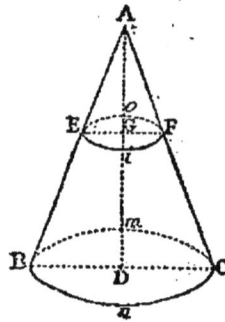

CVIII.

Sphère.

La *sphère* (fig. CIX) est un solide terminé par une surface courbe dont tous les points sont également éloignés d'un point intérieur O appelé *centre.* On peut la concevoir comme produite par la révolution d'un demi-cercle A C B autour de son diamètre A B.

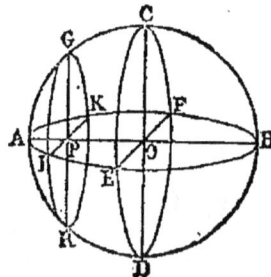

Tout plan qui passe par le centre de la sphère, coupe

Fig. CIX.

cette sphère en deux parties égales appelées *hémi-sphères,* et l'intersection est ce qu'on nomme un *grand cercle.* S'il ne passe pas le centre, il ne coupe évidemment la sphère qu'en deux parties inégales, et l'intersection reçoit alors le nom de *petit cercle*. Ainsi, dans la figure CIX, les cercles A E B F, C E D F sont des grands cercles, tandis que le cercle G K R I est un petit cercle.

DEUXIÈME SECTION.

PROCÉDÉS DE MESURAGE.

———

§ 1.   MESURAGE DES LONGUEURS.

1. *Lignes droites.*

Le mesurage des lignes droites ne présente aucune difficulté, surtout quand elles n'ont pas une grande étendue. Il suffit, en effet, d'appliquer, le long de la droite donnée, un mètre, un décimètre, etc., en marquant d'un trait le point où finit la mesure servant d'unité et où commence la mesure suivante. Cette opération ne demande qu'un peu d'attention

2. *Lignes courbes.*

Pour mesurer une ligne courbe, on la suppose rectifiée, c'est-à-dire convertie en une ligne droite. A cet effet, on la décompose en parties assez petites pour qu'il soit possible de les considérer comme des droites, puis on applique successivement sur chacune d'elles la longueur qui sert d'unité de mesure, et l'on additionne tous les résultats obtenus. Il est clair que le résultat de l'opération sera d'autant plus exact qu'on aura partagé la courbe en un plus grand nombre de parties.

3. *Circonférence.*

A la rigueur, on pourrait mesurer les circonférences de la même manière que les courbes simples; mais, en général, on s'y prend autrement. On mesure le diamètre et l'on multiplie le nombre obtenu, par 3,1416 ou, pour abréger, par 3,142.

D'après cela, si une circonférence a un diamètre de 5 mètres 50 centimètres, la longueur de cette circonférence sera égale à 5,50 multiplié par 3,142, c'est-à-dire de 17 mètres 281 millimètres.

§ 2. MESURAGE DES SURFACES.

1. *Carré* et *Rectangle.*

Pour mesurer la surface d'un carré ou d'un rectangle, on cherche combien de fois sa base et sa hauteur contiennent chacune le mètre; on multiplie l'un par l'autre les deux nombres qu'on obtient, et le produit de cette opération indique combien la surface donnée renferme de mètres et de fractions de mètre.

En d'autres termes, pour mesurer la surface d'un carré ou d'un rectangle, il faut multiplier sa base par sa hauteur.

Si, par exemple, le carré à mesurer a 10 mètres de côté, sa surface contiendra 100 mètres carrés.

Les quatre côtés d'un carré étant tous égaux, il suffit d'en mesurer un seul et d'en multiplier la longueur par elle-même. Si, par exemple, le carré à mesurer a 8 mètres de côté, en multipliant ce nombre 8 par lui-même, on obtient 64 pour le nombre des mètres carrés contenus dans ce carré.

Les côtés du rectangle n'étant égaux que deux à deux, il faut nécessairement en mesurer deux, un pour la base et l'autre pour la hauteur ; mais on peut prendre indistinctement l'un ou l'autre pour la base et la hauteur. Ainsi, pour trouver la surface d'un rectangle dont chacun des grands côtés a 8 mètres de longueur et chacun des petits côtés 5 mètres, on est libre de choisir un grand ou un petit côté pour base ou pour hauteur, et réciproquement. Dans les deux cas, on trouve que la surface du rectangle contient 40 mètres carrés.

2. *Parallélogramme.*

Pour mesurer la surface d'un parallélogramme, on prend pour base l'un quelconque des quatre côtés ; on mène une perpendiculaire à ce côté jusqu'à ce qu'elle rencontre le côté opposé ; on mesure avec le mètre cette perpendiculaire, qui est la *hauteur* du parallélogramme, et le côté pris pour base ; on multiplie l'un par l'autre les deux nombres obtenus ; et le résultat de l'opération exprime combien la surface du parallélogramme renferme de mètres carrés.

En d'autres termes, la surface d'un parallélogramme s'obtient de la même manière que celle du carré et du rectangle, c'est-à-dire en multipliant sa base par sa hauteur.

3. *Trapèze.*

Pour mesurer la surface d'un trapèze, on commence par mener une perpendiculaire aux deux côtés parallèles. Cela fait, on détermine la longueur de ces deux côtés, on additionne les deux nombres, et l'on prend la moitié de la somme. Enfin, on mesure la longueur de la perpendiculaire, qui est la *hauteur* du trapèze; on multiplie le nombre que l'on obtient par la moitié de la somme des deux autres; et le produit exprime combien le trapèze contient de mètres carrés.

En d'autres termes, pour mesurer la surface d'un trapèze, il suffit de multiplier la demi-somme de ses côtés parallèles par sa hauteur. On obtient le même résultat en multipliant la somme des côtés parallèles par la hauteur, et en prenant la moitié du produit.

Si, par exemple, les deux côtés d'un trapèze ont, l'un 4 mètres et l'autre 8 mètres, sa hauteur étant de 3 mètres, en ajoutant les deux côtés 8 et 4, on a 12, dont la moitié 6, multipliée par 3, donne 18 pour le nombre des mètres carrés contenus dans le trapèze. En procédant de la seconde manière, on a 12, dont le produit par 3, ou 36, divisé par 2, donne également le nombre 18.

4. *Triangle.*

Pour mesurer la surface d'un triangle, on prend l'un quelconque de ses côtés pour *base*, et, du sommet opposé, on abaisse, sur ce côté, une perpendiculaire, qui est la *hauteur* du triangle. Cela fait, on

mesure la base et la hauteur avec l'unité linéaire, on
multiplie l'un par l'autre les deux nombres obtenus,
on prend la moitié du produit, et cette moitié exprime combien de mètres carrés sont contenus dans
le triangle.

En d'autres termes, pour avoir la surface d'un
triangle, il faut multiplier sa base par la moitié de
sa hauteur, ou, ce qui revient au même, multiplier
sa hauteur par la moitié de sa base, ou bien encore,
multiplier sa base par sa hauteur et prendre la moitié du produit.

5. *Polygone.*

Pour mesurer la surface d'un polygone, on le décompose en triangles ou en trapèzes, que l'on mesure
séparément, après quoi on ajoute toutes ces surfaces
partielles, ce qui donne nécessairement la surface
totale du polygone.

6. *Cercle.*

Pour mesurer un cercle, on détermine d'abord la
longueur de son rayon; ensuite, on multiplie le nombre obtenu par lui-même; enfin, on multiplie le résultat de cette opération par le nombre 3,1416; et le
produit de cette seconde multiplication indique combien la surface du cercle renferme de mètres carrés.

En d'autres termes, on obtient la surface d'un
cercle en multiplant le carré du rayon par 3,1416.

D'après cela, si le rayon d'un cercle est de 10 mètres, la surface de ce même cercle contiendra 314

mètres et 16 centièmes de mètre carré, ou, ce qui est
la même chose, 314 mètres carrés et 16 décimètres
carrés.

§ 3. MESURAGE DES VOLUMES.

1. *Corps cubiques, corps rectangulaires.*

Pour mesurer le volume d'un cube ou d'un corps
rectangulaire, on cherche combien la longueur, la
hauteur et l'épaisseur contiennent chacune de mètres
linéaires; on multiplie l'un par l'autre les trois nombres obtenus, et le produit indique combien le corps
renferme de mètres cubes.

En d'autres termes, pour évaluer le volume d'un
cube ou d'un corps rectangulaire, il faut faire le produit de ses trois dimensions.

D'après cela, si un cube a chacune de ses arêtes
longue de 6 mètres, son volume sera de 216 mètres
cubes. En effet, $6 \times 6 \times 6 = 216$.

De même, si un corps rectangulaire a 11 mètres
64 centimètres de longueur, 6 mètres 45 centimètres
de hauteur, et 4 mètres 52 centimètres d'épaisseur,
en multipliant ces trois nombres ensemble, le produit
339, 352560 exprime que le volume de ce corps contient 339 mètres cubes, 352 décimètres cubes et 560
centimètres cubes.

2. *Prisme droit.*

Pour avoir le volume d'un prisme droit, il faut
faire deux choses. En premier lieu, on divise sa base
en triangles, on mesure la surface de chacun des

triangles, et l'on ajoute les résultats obtenus, ce qui donne la surface totale de la base du solide. En second lieu, on mesure sa hauteur. Il n'y a plus alors qu'à multiplier le nombre de la base par celui de la hauteur, et le produit exprime combien le volume du prisme renferme de mètres cubes.

En d'autres termes, pour avoir le volume d'un prisme droit, il faut multiplier la surface de la base par la hauteur.

D'après cela, un prisme dont la base renfermerait 100 mètres carrés, et dont la hauteur compterait 15 mètres linéaires, aurait un volume de 1500 mètres cubes.

3. *Cylindre.*

Pour obtenir le volume d'un cylindre, on mesure la surface du cercle qui lui sert de base, on multiplie cette surface par le nombre de mètres linéaires que contient sa hauteur, et le produit exprime combien il y a de mètres cubes dans son volume.

En d'autres termes, le volume d'un cylindre a pour mesure le produit de la hauteur par la surface de la base.

Si, par exemple, un cylindre a 10 mètres de hauteur et 2 mètres de rayon à la base, on cherche d'abord quelle est la surface de cette base. Pour cela, on élève 2 au carré, ce qui donne 4, et l'on multiplie ce nombre 4 par 3,1416, et le produit 12,5664 exprime que la surface de la base renferme 12 mètres carrés 56 décimètres carrés et 64 centimètres carrés. Multipliant alors ce nombre par 10, on trouve que le volume du cylindre contient 125 mètres cubes 664 décimètres cubes.

4. Cône.

Pour mesurer le volume d'un cône, on commence par calculer la surface du cercle qui lui sert de base, puis, multipliant cette surface par le tiers de sa hauteur, le produit exprime combien son volume contient de mètres cubes.

En d'autres termes, le volume d'un cône a pour mesure le produit de la surface de la base par le tiers de la hauteur.

Supposons qu'il s'agisse d'évaluer le volume d'un cône dont la hauteur est de 6 mètres et le rayon de 10 mètres. On élève 10 au carré, et l'on multiplie ce carré, ou 100, par 3,1416. On trouve ainsi que la surface de la base de ce cône est de 314 mètres carrés 16 décimètres carrés. Multipliant alors 314,16 par 2, tiers de 6, le produit 628,32 indique qu'il y a, dans le volume du cône, 628 mètres cubes 32 décimètres cubes.

5. Cône tronqué.

Pour mesurer le volume d'un cône tronqué, on commence par calculer la surface du cercle qui forme sa base supérieure et celle du cercle qui forme sa base inférieure. On multiplie les deux surfaces, c'est-à-dire les deux bases l'une par l'autre, et l'on extrait la racine carrée du produit. Enfin, on ajoute cette racine aux bases, on multiplie la somme des trois nombres par le tiers de la hauteur du tronc de cône, et le nouveau produit exprime combien le volume du cône tronqué contient de mètres cubes.

On veut, par exemple, savoir le volume d'un cône tronqué ayant 0^m.3 de hauteur, 2^m.9 de diamètre inférieur et 2^m.3 de diamètre supérieur. En calculant la surface des bases, on trouve que la base inférieure est de 6,606 décimètres carrés et la base supérieure de 4,155 décimètres carrés. Multipliant ces deux bases l'une par l'autre, on obtient pour produit le nombre 27,4479, dont la racine carrée est 5,239. On ajoute alors les trois nombres 6,606, 4,155 et 5,239, puis l'on multiplie leur somme, ou 16, par 1, tiers de 3. Le produit 16 indique que le volume du cône tronqué est de 16 décimètres cubes.

CHAPITRE II.

Exercices graphiques.

1. *Tracer une ligne droite.*

On a déjà vu que pour tracer une ligne droite, on se sert de la règle ; mais, quand on n'a pas de règle assez longue, comment faire ? On prend un cordeau, on le frotte de blanc d'Espagne, puis on le tend fortement par les deux bouts, sur la pièce de bois, à l'endroit où l'on veut tracer la ligne. Cela fait, une autre personne pince ce cordeau par le milieu de sa longueur, l'élève en le tirant bien perpendiculairement, sans pencher ni à droite ni à gauche, puis le laisse tomber. Le cordeau, rendu élastique par la tension, revient s'appliquer sur la pièce de bois, la frappe fortement, et la craie dont il est couvert trace une ligne droite.

2. *En un point donné* C *d'une ligne* AB, *construire un angle égal à un angle donné* S.

Du point S (fig. CX) comme centre et avec une ouverture de compas quelconque, on décrit un arc de cercle IJ, compris entre les côtés de l'angle S. Du point C comme centre et avec la même ouverture de compas, on décrit, au-dessus de AN, un arc indéfini MN. Enfin, du point N comme centre et avec une ouverture de compas égale à la longueur de la

Fig. CX.

corde de l'arc IJ, on décrit un arc de cercle qui coupe l'arc MN au point O. Joignant alors ce point O au point C, on a un angle OCN, qui est l'angle demandé.

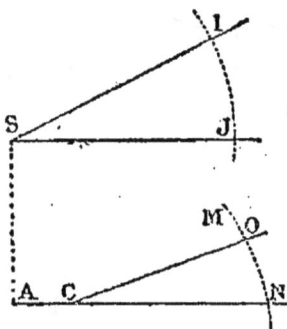

On peut résoudre le même problème au moyen du rapporteur. Pour cela, on mesure l'angle donné S. Puis, faisant coïncider le diamètre de l'instrument avec ACN, le centre étant sur C, on marque un point O sur le papier, juste à côté de l'endroit où finit l'arc intercepté entre les côtés de l'angle S. Il n'y a plus, pour avoir l'angle voulu, qu'à joindre ce point O au point C.

3. *Par un point donné hors d'une droite, mener
une parallèle à cette droite.*

Soit C (fig. CXI) le point donné par lequel on veut

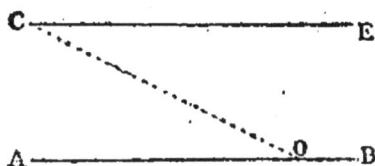

Fig. CXI.

mener une parallèle à A B. On joint ce point C à un
point quelconque O de AB, et l'on fait avec CO un
angle COA égal à l'angle OCE. La ligne CE est la
parallèle demandée.

Le plus souvent, on mène les parallèles au moyen
de l'équerre. On pose l'instrument (fig. CXII) sur le

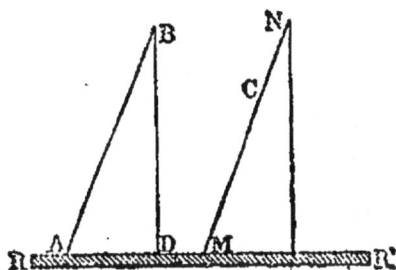

Fig. CXII.

papier de manière que son hypoténuse coïncide avec
la ligne A B à laquelle il s'agit de mener la parallèle.
Ensuite, on applique une règle R R' contre le côté A D
de l'instrument, et l'on fait glisser ce dernier, en

maintenant la règle parfaitement fixe, jusqu'à ce que son hypoténuse vienne à passer par le point donné C. On tire alors une ligne MN le long de cette hypoténuse, et cette ligne est la parallèle cherchée.

4. Diviser une droite en deux parties égales.

Soit la droite AB (fig. CXIII) que l'on veut diviser. Du point A comme centre et avec un rayon quelconque plus grand que la moitié de AB, on décrit deux arcs de cercle, l'un au-dessous, l'autre au-dessus de AB. Du point B comme centre et avec le même rayon, on décrit deux autres arcs de cercle, également l'un au-dessous et l'autre au-dessus de AB. Ces

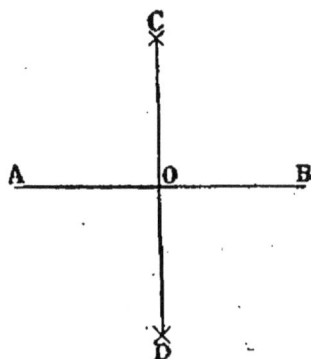

Fig. CXIII.

quatre arcs de cercle se coupent en deux points C et D. On joint ces deux points, et le point O de AB, où la droite CD coupe AB, est exactement le milieu de cette même ligne AB.

On conçoit qu'après avoir divisé AB en deux parties égales, on peut, en procédant de la même manière, diviser AO et OB en deux parties égales, puis chacune des nouvelles divisions obtenues en deux autres parties égales, etc. On réussit donc ainsi à diviser une droite en deux, quatre, seize, trente-deux,..... parties égales.

5. *Diviser un arc ou un angle donné en deux parties égales.*

Soit l'arc ACB (fig. CXIV) à diviser en deux parties

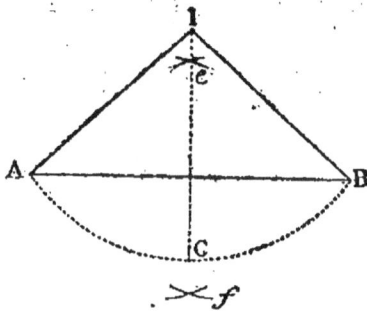

Fig. CXIV.

égales. On en joint les deux extrémités par la corde AB, puis, de chacun des points A et B pris comme centres et avec une ouverture de compas plus grande que la moitié de AB, on décrit, comme on vient de le voir, quatre arcs de cercle qui se coupent deux à deux en *e* et en *f*, au-dessus et au-dessous de AB. Joignant alors ces deux points *ef*, on obtient la droite I*f* qui est perpendiculaire au milieu de la corde AB et de l'arc ACB. Cet arc et sa corde se trouvent donc ainsi divisés en deux parties égales.

Pour diviser un angle donné AIB en deux parties égales, on décrit, de son sommet et comme centre, un arc ACB compris entre ses côtés. On mène la corde AB, puis, au moyen de l'opération qui vient d'être expliquée, on abaisse, du point I une perpendiculaire, qui divise l'angle AIB, la corde AB et l'arc ACB, chacun en deux parties égales.

6. *En un point donné d'une droite, élever une perpendiculaire à cette droite.*

Soit le point C (fig. CXV) donné sur la ligne A B. On prend sur cette ligne deux longueurs égales C O, C I, puis on opère comme s'il s'agissait de diviser OI en deux parties égales par une perpendiculaire. Du point I comme centre, et avec un rayon plus grand que I C, on décrit donc deux arcs de cercle, l'un au-dessus, l'autre au-des-

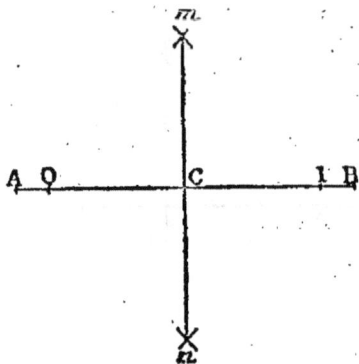

Fig. CXV.

sous de A B. Du point O comme centre et avec le même rayon, on décrit deux autres arcs qui rencontrent les premiers en *m n*. La droite *m n*, qui passe par le point C, est la perpendiculaire cherchée.

7. *Elever une perpendiculaire à l'extrémité d'une droite qu'on ne puisse prolonger.*

Soit C (fig. CXVI) le point de la ligne CB où la perpendiculaire doit être éle- vée. D'un point quelcon- que O, pris au-dessus de C B, et avec une ouver- ture de compas égale à O C, on décrit une demi- circonférence qui coupe la ligne donnée aux points

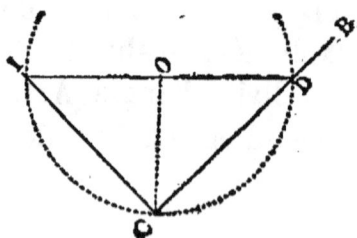

Fig. CXVI.

C D. On mène le diamètre D O I et l'on joint I C. Cette droite I C est la perpendiculaire demandée.

8. *Tracer une circonférence.*

On prend une ouverture de compas égale au rayon donné. On appuie légèrement l'une des pointes de l'instrument, et l'on fait tourner circulairement l'autre pointe, qui trace la circonférence.

Quand la circonférence a de grandes dimensions, on remplace le compas ordinaire par le *compas à verge.*

A défaut de l'un et de l'autre, deux clous et un cordon peuvent suffire. Aux extrémités de ce cordon, que l'on a choisi d'une longueur convenable, on fait deux boucles dans lesquelles on passe les clous. L'un de ces derniers étant planté solidement sur la surface où l'on opère, on tourne tout autour avec l'autre, en ayant soin de tendre parfaitement et uniformément le cordon.

9. *Décrire une circonférence qui passe par trois points donnés.*

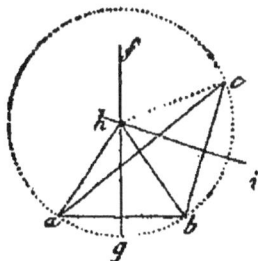

Fig. CXVII.

a b c (fig. CXVII) sont les points donnés, car il est clair que le tracé ne pourrait avoir lieu s'ils étaient sur une seule ligne. Joignez ces points deux à deux au moyen de lignes droites, et faites-en le triangle *a b c* : c'est ainsi qu'on pourra toujours reconnaître si l'opération est faisable. Pour l'effectuer, il y a deux choses à trouver : le centre et le rayon. Or, la circonférence devant passer par *a b*, le centre doit se trouver à égale distance de *a* et de *b*. Il sera donc sur *fg* perpendiculaire à *a b* et au milieu. Par la même raison, il sera sur *h i* perpendiculaire au milieu de *b c*, et par conséquent l'intersection *h* des deux perpendiculaires sera le centre cherché. Si l'on élevait une perpendiculaire au milieu de *a c*, elle devrait aussi passer par le centre. Le tracé de cette troisième perpendiculaire est donc un moyen de vérifier l'exactitude de l'opération. Le centre *h* étant trouvé, il est visible que le rayon est la droite *h a* ou la droite *h b*, ou la droite *h c*.

Ce tracé est d'un fréquent usage. Il arrive souvent dans la pratique que l'on connaît seulement quelques points de la circonférence qui doit être décrite. Il suffit alors d'employer trois de ces points quelconques, comme nous venons d'employer *a b c*, pour que la circonférence passe par tous les autres.

10. *Une circonférence étant donnée, en trouver le centre.*

L'opération qui vient d'être faite pourrait être appliquée à la résolution de ce problème. Les deux cordes *cb* et *ab* (même figure) peuvent être placées en tout autre endroit de la circonférence, pourvu toutefois qu'elles ne soient point parallèles, car alors il n'y aurait point de croisement dans les perpendiculaires élevées sur ces cordes, et comme c'est ce croisement qui donne le centre, l'opération ne pourrait

avoir lieu. Il faut que ces deux perpendiculaires forment autant que possible équerre entre elles, afin que
l'endroit du croisement soit plus facilement et plus
ponctuellement perceptible.

Dans la pratique, on divise la circonférence en quatre points, on tire deux lignes en croix par ces quatre
points, et le centre se trouve à l'endroit du croisement des lignes ; mais si cette manière est plus simple
que la précédente, elle est beaucoup moins précise,
et, de plus, elle n'est pas toujours applicable, surtout
lorsqu'il s'agit de très-grandes circonférences.

11. *Trouver le centre d'un triangle.*

Nous venons de dire comment on fait passer un
cercle par trois points donnés. Il ne s'agit, pour
trouver le centre du triangle, que de l'inscrire dans
un cercle : le centre du cercle sera celui du triangle.
Cette règle s'appliquera de même à la recherche du
centre de tout polygone régulier, puisqu'il s'agit de
faire passer un cercle par trois de ses angles pour que
le cercle les embrasse tous.

12. *Faire un triangle équilatéral.*

Des extrémités de la base donnée comme centre, et
avec un rayon égal à cette base, on décrit deux arcs
de cercle, dont le point d'intersection détermine le
sommet du triangle. Il n'y a plus alors qu'à joindre
ce point aux extrémités de la base.

13. *Faire un triangle isocèle.*

On procède comme pour le triangle équilatéral, seulement on prend pour rayon une longueur plus grande ou plus petite que celle de la base.

14. *Faire un triangle rectangle.*

A l'une des extrémités de la base donnée, on élève une perpendiculaire, soit au moyen de l'équerre, soit à l'aide du compas. Après quoi, on joint l'autre extrémité avec l'un des points de la perpendiculaire.

15. *Faire un triangle rectangle-isocèle dont la base horizontale soit l'hypoténuse.*

On divise la droite AB (fig. CXVIII) en deux parties égales au point C; puis, de ce point C comme centre, on décrit une demi-circonférence et l'on élève une perpendiculaire à ce même point C. Cette perpendiculaire coupera la demi-circonférence

Fig. CXVIII.

en D. Si alors on joint le point D aux points A et B, le triangle ABD sera le triangle demandé.

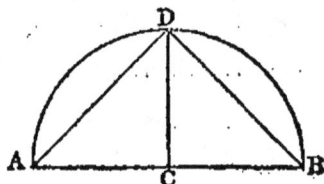

16. *Faire un carré.*

Sur AB (fig. CXIX), base donnée, et à l'une de ses extrémités A, on élève une perpendiculaire, sur la-

quelle on prend une longueur A C égale à A B. Cela
fait, des points C B comme centres, et avec une ou-

Fig. CXIX.

Fig. CXX.

verture de compas égale à A B, on décrit deux arcs de
cercle dont l'intersection donne le point D. Joignant
alors ce point D aux points B et C, on a le quadrilatère A B C D, qui est le carré demandé.

17. *Faire un rectangle.*

Soit A B (fig. CXX) la base du rectangle à construire. A l'une des extrémités A de cette droite, on
élève, par les moyens ordinaires, une perpendiculaire
sur laquelle on prend A D, égal à la hauteur que doit
avoir le rectangle. Du point D comme centre, et avec
un rayon égal à A B, on décrit alors un arc de cercle.
Du point B comme centre, et avec un rayon égal à A D,
on décrit un second arc de cercle. Il ne reste plus,
pour terminer le rectangle, qu'à joindre le point C,
où se coupent les deux arcs de cercle, avec chacun
des points D et B.

18. *Faire un parallélogramme.*

A l'une des extrémités A (fig. CXXI) de la base donnée A B, on mène l'oblique A D plus petite ou plus grande que A B. Cela fait, du point D comme centre, et avec un rayon égal à A B, on décrit un arc de cercle. Du point B comme centre, et avec un rayon égal à A D,

Fig. CXXI.

on décrit un second arc de cercle. Les deux arcs de cercle se coupent en un point C, et, pour terminer le parallélogramme demandé, il suffit de joindre le point C aux points D et B.

19. *Faire un losange.*

On procède comme pour le parallélogramme, avec cette seule différence que l'on fait le côté A D égal au côté A B.

20. *Faire une ellipse.*

Il existe plusieurs manières de résoudre ce problème :

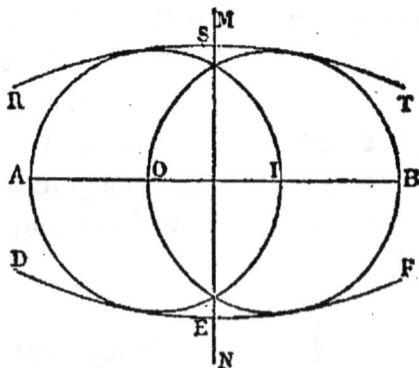

Fig. CXXII.

1° D'un point O de la ligne A B (fig. CXXII), qui sera

le grand arc de l'ellipse, et avec un rayon égal au tiers de AB, on décrit un premier cercle. Du point I, où ce cercle coupe AB, et avec le même rayon, on décrit un second cercle. On réunit par une droite MN les points d'intersection des deux cercles, puis, de deux points pris sur cette droite prolongée et avec un rayon égal à AB, on décrit les arcs de cercle RST, DEF, qui complètent la figure.

2° Soit AB (fig. CXXIII) la longueur que doit avoir l'ellipse. Elevez sur le milieu O de cette droite la perpendiculaire EF, qui est égale à la largeur de la figure à tracer, et dans laquelle FO est égal à EO. Ayez un compas ouvert d'une étendue égale à OA, ou un cor-

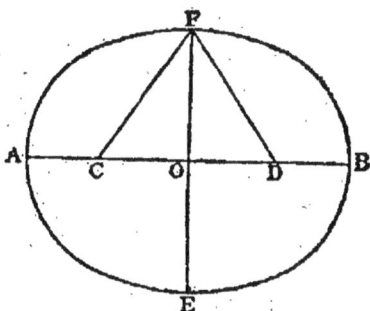

Fig. CXXIII.

deau de cette longueur; portez l'une des pointes du compas ou l'un des bouts du cordeau en F, et l'autre pointe du compas ou l'autre bout du cordeau sur AB, à droite ou à gauche de FE; puis marquez les points CD, où cette pointe ou ce bout de cordeau touchent AB. Prenez alors un cordeau d'une longueur égale à AB, fixez-en l'une des extrémités en C et l'autre en D avec un clou ou de toute autre manière. Enfin, avec une pointe ou un petit piquet tenu bien d'aplomb, tendez le cordeau jusqu'en F, et, en le tenant toujours tendu, faites glisser la pointe de F en A, puis de F en B. Dans ce mouvement, la pointe tracera la moitié de l'ellipse; on aura l'autre moitié en tendant ensuite le

cordeau vers E et en faisant glisser la pointe de E en
A, puis de E en B.

3° On trace d'abord les deux axes AB, DE (fig. CXXIV)
pour marquer les som-
mets A et B, le centre C,
et la dimension en lon-
gueur et en largeur. Ces
lignes sont perpendicu-
laires, et chacune coupe
l'autre en deux parties
égales. Sur le bord d'une
règle MN, ou d'une bande

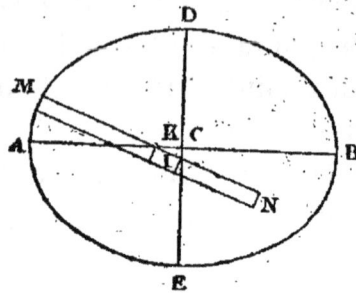

Fig. CXXIV.

de papier, on marque, à partir du bout M, la longueur MK égale à DC, moitié de DE, et la longueur
MI égale à AC, moitié de AB. Cela fait, placez la
règle ou la bande de papier de façon que le point K
tombe quelque part sur le grand axe AB et le point I
sur l'un des points du petit axe DE. L'extrémité M
sera sur l'ellipse. Alors faites tourner la règle MN
suivant ces lignes et sans les quitter, et le bout M
tracera toute l'ellipse.

4° Procédez comme dans la première manière,
mais au lieu de partager la droite *a b* en trois parties
égales, divisez-la en quatre (fig. CXXV). L'ellipse s'en
trouvera plus allongée. Les
points de division extrêmes
c d seront deux centres. Pour
avoir les deux autres, on
tirera par le milieu de *a b*
la perpendiculaire *ef* et l'on
prendra *g e*, *g f*, égaux cha-

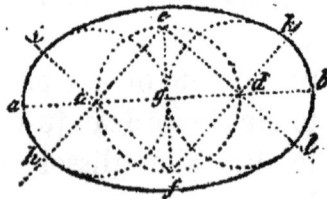

Fig. CXXV.

cun à *g d*. De cette construction il résultera que les
arcs *h a i*, *i k*, *k b l*, *l h* seront chacun de 90 degrés, puisque les angles *c f*, *d e* seront inscrits à la circonférence
g, et que leurs côtés passeront par les extrémités des
diamètres de cette même circonférence. La courbe
a o b est ce qu'on appelle une anse de panier.

5° Tracez d'abord les deux axes, puis du centre C
(fig. CXXVI), décrivez deux cercles C D, C B, qui aient
ces axes pour diamètre :

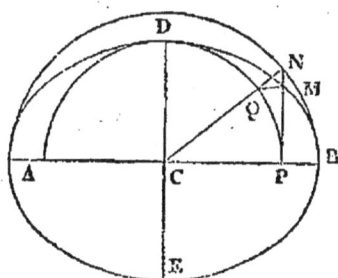

Fig. CXXVI.

c'est entre ces deux courbes
qu'est enfermée l'ellipse
qu'on veut tracer. Menez
un rayon CN et une per-
pendiculaire PN, sur l'axe
A B; ces lignes passant en
un point quelconque de la
grande circonférence par le
point Q, où ce rayon rencontre le petit cercle; menez
Q M parallèle à l'axe A B, vous aurez un point de cette
ligne qui sera dans l'ellipse : ce sera celui où elle coupera la perpendiculaire PN. En répétant cette opération, vous obtiendrez successivement un grand nombre de points de l'ellipse, que vous réunirez ensuite
par un trait continu.

6° Cette manière est plus compliquée que les précédentes, mais elle produit une courbe d'un mouvement plus continu et d'un aspect plus agréable. Nous
ne pensons pas que le tonnelier y aura recours. Cependant, s'il voulait faire une baignoire d'une forme
très-élégante, peut-être se résoudrait-il à faire ce tracé
plus difficile, et alors il nous saurait gré de le lui avoir

indiqué. Nous ne ferons qu'un quart de l'ellipse pour abréger, et cela d'autant plus que lorsqu'on a le quart on peut faire un gabarit et trouver l'ellipse entière.

Soit *a b* (fig. CXXVII) la moitié de la longueur du grand axe, et *b c* la moitié de la longueur du petit axe de l'ellipse. Faites, de *b* pour centre, deux quarts de cercle, l'un ayant *b a* pour rayon, l'autre ayant *b c*. Divisez ces quarts de cercle en un nombre quelconque de parties égales. Par les points de division de chaque arc, menez des parallèles au rayon de l'autre, vous aurez les points *d e f* de la courbe demandée.

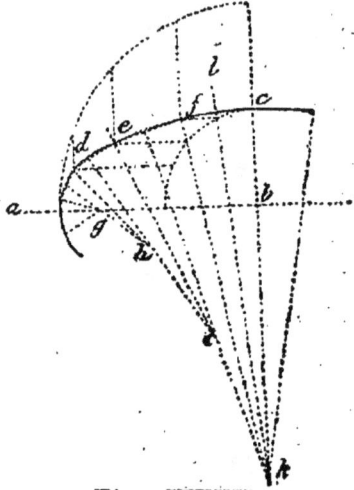

Fig. CXXVII.

Elevez alors une perpendiculaire au milieu de la droite *a d*, et prenez le point *g* où elle coupe *a b* pour centre de l'arc qui doit joindre *a* et *d*, la rencontre de *d g* et de la perpendiculaire au milieu de la droite *d e* vous donnera le centre *h* de l'arc *d e*. L'intersection *i* de *e h*, et de la perpendiculaire du milieu de la droite *e f*, est le centre de l'arc *e f*. Enfin, à l'intersection de *k*, de *f i* et de *b c*, prolongée, vous trouverez le centre de l'axe *f c*, c'est-à-dire que *f k* égale *k c*, ou que la perpendiculaire *l* au milieu de la droite *c f* passe par le point *k*.

Si l'on augmentait le nombre de divisions, on rendrait encore plus faible la différence de deux rayons consécutifs, et l'on pourrait obtenir une courbe en-

core plus agréable à l'œil. Si l'ellipse était achevée,
il se trouverait six nouveaux centres placés deux à
deux dans les trois autres angles droits que forment
ab, cb, et les prolongements de ces droites comme le
font hi dans l'angle droit abk; mais on n'obtiendrait
qu'un centre analogue à g, qu'un autre analogue à k.
On aurait donc en tout douze centres différents et
douze arcs, tandis que les deux circonférences b con-
tiendraient seize parties chacune. En général, le nombre d'arcs dont se compose l'ellipse entière tracée
d'après ce procédé est toujours de quatre unités au-
dessous du nombre des divisions qu'on fait dans
chacune des circonférences entières décrites avec les
rayons ab, bc. Si, par exemple, on divise chaque
quart de cercle en six parties égales, les circonférences
entières en contiendront vingt-quatre et l'ellipse sera
composée de vingt arcs différents.

7° *Décrire une anse de panier.*

Comme pour faire avec précision les opérations
que nous venons de décrire, il faut prendre quelque
soin, la paresse ou l'ignorance des ouvriers et des ar-
tistes les porte, dit M. Francœur, à préférer une courbe
qu'on nomme *anse de panier.* Elle est formée d'arcs
de cercle ajustés bout à bout, sans jarret et imitant
la figure ovale de l'ellipse. Mais cette dernière courbe
a un contour gracieux qui manque à la première. On
doit donc, dans tous les cas, accorder la préférence
aux tracés que nous venons de donner, et particulièrement lorsqu'on veut faire des voûtes *surbaissées* ou

surmontées : on désigne ainsi les voûtes dont la forme est celle d'arcs d'ellipse portés sur les extrémités du petit ou du grand axe. On appelle *en plein cintre* les voûtes qui sont circulaires.

Disons maintenant comme il convient de s'y prendre pour décrire l'anse du panier.

Tracez les deux axes rectangulaires AB, CD (fig. CXXVIII). C est le centre, CD la montée; menez les cordes BD, AD, et portez CD en CE; AF sera la différence des demi-axes que vous prendrez en DO et DH. Aux points K et I, milieux de BH et AO, élevez

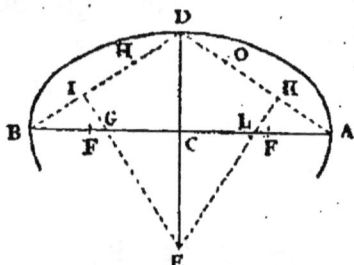

Fig. CXXVIII.

les perpendiculaires KE, IE, qui iront concourir en un point E de l'axe CD prolongé; ce point E sera le centre de l'arc de cercle ADB; les points G et L de rencontre de ces dernières droites avec l'axe AB seront les centres des deux arcs B, A, qu'on verra se raccorder assez bien avec le premier ADB. Cependant, si la courbe était très-surbaissée, si CD, par exemple, était moindre que la moitié de AC, les trois arcs de cercle formeraient un jarret prononcé vers leur jonction, et leur courbe serait défectueuse. Voyez encore à ce sujet ce que nous avons dit au n° 4, page 145.

QUATRIÈME PARTIE

FABRICATION.

CHAPITRE PREMIER.

Formes et dimensions des Futailles.

PREMIÈRE SECTION.

FUTAILLES ORDINAIRES.

Le nombre des formes que présentent les futailles ordinaires ne paraît pas être supérieur à seize, mais celui de leurs dimensions est d'au moins deux cents, chaque pays suivant encore, sous ce rapport, les anciens usages.

Voici quelles sont les différentes sortes de futailles que l'on rencontre le plus souvent, avec l'indication de leur contenance en litres :

Noms des futailles.	Litres.
Baril de Madère.	15
— de Malaga.	30
— d'Alicante.	38
Tierçon ou Demi-Caque.	53
Sixain.	60
Quart-muid ou Demi-Feuillette.	68 ou 70
Quartaut, Champ ou Caque.	94 ou 100
Quart-botte.	106

Noms des futailles.	Litres.
Quart de Bordeaux ou Demi-pièce.	110
Quartaut de Mâcon.	114
— d'Orléans.	114
— de Beaune.	114
— Châlonnais.	114
— Tiercerolle. . , ...	114
— Busse.	122
— de Vouvray.	125
Feuillette ou Demi-Muid.	130
Quartaut d'Auvergne.	137
— de Bourgogne.	137 ou 144
Demi-Muid gros.	152
— très-gros.	167
Demi-queue de Villenauxe.	175
— de Champagne.	183
— de Château-Thierry.	183
— bordelaise.	201
— de Renaison.	201
— de Reims.	198
— de Freusies.	208
— d'Orléans.	210
Busse de Cognac.	210
Demi-queue de Saint-Dizier.	213
— de Mâcon.	213
— de Montigny.	213
— de Charlieux.	213
— de Garenne-du-Sel.	217
— de l'Hermitage.	215
— de Cahors.	221
— de Riceys.	221
— de Sancerre.	221
— de Lachaise.	221
— de Gâtinais.	221

Noms des futailles.	Litres.
Demi-Botte..	221
Demi-Queue châlonnaise.	224
— de Grosbard.	224
Barrique de Cahors.	224
Barrique de Bordeaux ou Tiercerolle..	228
Pièce de Beaune.	228
Demi-Queue de Pouilly..	228
Busse de Saumur.	232
Demi-Queue bâtarde.	236
— de Sologne.	236
— de Blois..	236
— de Chinon.	243
— nantaise.	243
— d'Anjou.	243
— de Montlouis.	243
— du Cher.	243
— de Touraine.	247
— de Condrieu.	251
Busse d'Anjou.	251
Demi-Queue de Vauvrai..	255
— grosse de Vauvrai.	259
— d'Auvergne (Ris).	265
— de Languedoc.	274
Muid français.	274
Demi-Queue d'Auvergne (Haute).	280
Muid du Rhône.	288
— d'Orléans.	289
Demi-Queue de Saint-Gilles..	289
— d'Auvergne.	297
Muid de Cahors.	297
— de Bourgogne.	297
— commun..	300
Barrique commune..	300

Noms des futailles.	Litres.
Muid râpé.	304
— gros.	320
— très-gros râpé.	342
— très-gros de Bourgogne.	350
Bussard.	350
Petit Muid de Languedoc.	365
Muid de Saint-Gilles.	380
Pipe.	410
— de cognac.	410
Muid de Languedoc.	460
— de Roussillon.	472
Pipe d'Anjou.	480
Muid de Montpellier.	510
Pipe de Languedoc.	533
— de la Rochelle.	533
Barbantane.	563
Pipe de Cognac.	624

Indépendamment de leur multiplicité, ces futailles ont un autre inconvénient : c'est que leur fabrication est tellement livrée au hasard que, dans le même pays, celles de même nom n'ont presque jamais les dimensions et, par suite, la contenance qu'elles devraient rigoureusement avoir. Sauf de rares exceptions, les tonneliers les fabriquent d'après des calibres locaux établis, pour la plupart, avec peu de soin, et dont ils ne sont pas en état de corriger les défauts.

DEUXIÈME SECTION.

FUTAILLES MÉTRIQUES

Peu de temps après l'établissement des poids et mesures métriques, le Gouvernement essaya d'introduire, dans la tonnellerie, la même réforme dont il venait de doter la fabrication des autres appareils et ustensiles de mesurage. Aux termes d'une instruction de pluviôse an VII, les futailles devaient avoir des *dimensions fixes* et *uniformes*, et porter, sur un de leurs fonds, l'indication exacte de leur contenance. De plus, elles devaient être *semblables*. Leur longueur intérieure étant divisée en 21 parties égales, le diamètre intérieur du bouge devait en contenir 18, et le diamètre intérieur des fonds devait en contenir 16.

Voici le tableau des dimensions et de la contenance que devaient avoir les futailles nouvelles ou *futailles métriques*.

NOMS DES FUTAILLES.	CONTENANCE en litres.	LONGUEUR intérieure en millimètres.	DIAMÈTRE intérieur du bouge en millimètres.	DIAMÈTRE intérieur des fonds en millimètres.
Demi-hectolitre.	50	454	389	345
Trois-quarts d'hectolitre. . . .	75	520	445	395
Hectolitre.	100	572	490	435
Hectolitre et quart. . . .	125	616	528	469
Hectolitre et demi. . . .	150	655	561	499
Double hectolitre. . . .	200	720	618	548
Deux hectolitres et demi.	250	776	665	591
Trois hectolitres. . . .	300	825	707	628
Quatre hectolitres. . . .	400	908	778	691
Demi-kilolitre. . . .	500	978	838	745
Six hectolitres. . . .	600	1039	894	791
Sept hectolitres. . . .	700	1093	938	833
Huit hectolitres. . . .	800	1144	980	871
Neuf hectolitres. . . .	900	1190	1019	906
Kilolitre.	1000	1232	1095	938

Les dispositions qui précèdent n'ont jamais été exécutées, parce qu'elles ont paru présenter, dans la pratique, des difficultés qu'on a cru insurmontables. En raison des altérations qu'éprouvent les futailles par l'usage, on a craint d'accorder l'autorité d'une mesure légale à des pièces qui, fussent-elles justes au moment de leur fabrication, subissent chaque année des réparations de nature à en altérer la contenance. Il a même été décidé, en 1839, par une simple ordonnance royale, que « les vases ou futailles servant de récipient aux boissons, liquides ou autres matières, ne doivent pas être réputés mesures de capacité ou de pesanteur. » Toutefois, de nos jours, les fraudes sans nombre qui se commettent dans le commerce des boissons ont fait sentir plus que jamais l'utilité de soumettre les futailles à un mode de fabrication fixe et uniforme, en d'autres termes, de faire revivre, mais, cette fois, très-sérieusement, l'instruction de l'an VII. Plusieurs pétitions ont été adressées à ce sujet au Gouvernement, qui, se retranchant derrière les difficultés pratiques dont nous venons de parler, n'a pas cru devoir faire droit aux vœux de l'opinion publique. Néanmoins, les meilleurs esprits pensent que ces difficultés ne sont pas insurmontables, et qu'elles s'aplaniraient, comme il en est advenu de bien d'autres, si l'on donnait toute leur énergie et toute leur étendue aux lois qui ont créé le système métrique et rendu son application obligatoire.

Supposons que l'instruction de l'an VII soit en pleine vigueur, et voyons quel usage on doit faire du tableau ci-dessus pour construire un tonneau métrique ; nous choisirons, comme exemple, celui de 125 litres.

L'ouvrier verra qu'il doit choisir des douelles ayant 0^m.616, et comme cette mesure doit exister en dedans des fonds, il faudra que son bois ait de plus en longueur deux fois l'épaisseur du trait de jabloire, et deux fois la hauteur des rebords extérieurs qui dépassent les fonds. Ainsi, en supposant, vu la petitesse du tonneau, que le bois n'ait que 0^m.135 d'épaisseur, il faudra ajouter deux fois 13 millim. 1/2, ou 27 mill. à la longueur demandée. Puis, pour les rebords, en les supposant de 0^m.027, ce qui serait peut-être bien peu (mais cela n'importe en rien à notre calcul), il faudra que les douelles aient encore deux fois 0^m.027 ou 54 mill. au plus. Ainsi, en ajoutant ensemble toutes ces longueurs 616 plus 27, plus 54 mill., nous aurons un total de 0^m.697 (six décimètres neuf centimètres sept millimètres), pour la longueur des douelles : et encore devra-t-on laisser quelque chose de plus pour la rognure.

Des douelles ainsi prises, seraient très-bonnes si le tonneau était cylindrique ; mais le bouge s'oppose à ce que cette mesure soit suffisante. En effet, lorsque le tonneau sera relié, les douelles feront l'arc, et alors elles n'auront plus la dimension de longueur exactement nécessaire. En comparant dans son tableau la somme des diamètres du bouge, qui est de 0^m.528, à celle du diamètre des fonds, qui est de 469, on voit que la différence est de 0^m.059 environ. Donc, chaque douelle fera un arc dont la flèche, c'est-à-dire la cour-

bure, sera de 0^m.0285 (vingt-huit millimètres et demi).
Or, sans se livrer aux opérations arithmétiques, par
lesquelles il pourrait théoriquement trouver de combien est le raccourcissement, l'ouvrier peut le trouver
mécaniquement avec un morceau de cercle bien droit.
Il mesure un fil de laiton auquel il donne juste la
longueur voulue 0^m.616, puis il attache le bout de ce
fil au bout de sa bande de cercle, qu'il fait ensuite
fléchir jusqu'à ce qu'il trouve au milieu de la flèche
de 0^m.0285. Il marque l'endroit où arrive son fil de
laiton, et ensuite, laissant le cercle se redresser, il
mesure dessus, à partir du bout où était fixé le fil, la
longueur de 0^m.616 : la différence qui existe entre
cette dernière marque et celle qu'il a faite lorsque
l'arc était bandé, lui donne la somme de ce qu'il doit
ajouter en longueur aux mesures que nous venons
de donner. Dans tous les cas, comme il ne fera ses
jables que lorsque le tonneau sera relié, et par conséquent cintré, il sera toujours maître d'avancer ou
de reculer son trait, suivant un gabarit qu'il aura
fait, et qui aura exactement 0^m.616 de longueur.

Dans l'espèce, si nous supposons ce raccourcissement de 0^m.027, ce sera une quantité pareille qu'il
faudra ajouter à la somme totale de 0^m.697, ce qui
portera la longueur définitive des douelles à 0^m.724.

Maintenant, combien faudra-t-il de ces douelles,
longues de 0^m.724, pour faire le corps du tonneau,
sans les fonds, que nous calculerons ensuite? ce nombre dépendra nécessairement de la largeur de chacune d'elles, et comme cette largeur est variable, il
convient de considérer toutes les douelles comme

une seule planche dont il faudra déterminer la largeur.

Nous voyons dans la seconde colonne du tableau que le diamètre du bouge est de 0m.528. En multipliant ce diamètre par trois, nous aurons pour le développement de la circonférence du bouge, 1m.584.

Mais ce développement ne peut suffire, car, lorsque les douelles seraient placées en rond, elles ne se toucheraient que par leur face intérieure, et il existerait entre chaque douelle, une ouverture à l'extérieur. C'est ce qui fait que le tonnelier, lorsqu'il dresse les champs de ses douelles sur la Colombe, ne les présente point dans une position verticale, perpendiculaire à cet outil, mais bien inclinée de quelques degrés, afin que ses douelles prennent le biseau qu'elles doivent avoir, opération sur laquelle nous reviendrons bientôt avec détail. On conçoit qu'en ôtant ainsi du bois sur l'un des côtés des champs, on rétrécit le diamètre du tonneau, et qu'alors il n'aurait plus 0m.528. Pour le lui restituer, il faut ajouter à ce diamètre l'épaisseur doublée du bois. Nous venons de supposer, au commencement de cette démonstration, que cette épaisseur était de 13 millimètres et demi; doublée, elle donnera 0m.027, lesquels étant ajoutés trois fois à 0m.528, porteront la largeur totale, à l'endroit du bouge, à 0m.609 environ.

Il ne nous reste plus qu'à voir combien il entrera de bois dans nos fonds. Nous remarquons à la troisième colonne du tableau que leur diamètre doit être de 0m.469. Or, pour se faire une idée de la quantité de traversin qu'il faudra pour faire un de ces fonds, il suffirait de se figurer deux carrés formés de planches juxta-posées, ayant ce même nombre de millimètres, 469, sur chaque côté. Mais ici encore, il y aurait mécompte, si l'on croyait trouver un fond dans un carré de cette grandeur, car le fond entrant dans la jable dans une partie de la profondeur du double biseau pratiqué sur son périmètre, on conçoit qu'il serait diminué d'autant, si on le découpait juste à la mesure voulue. Il faut donc ajouter le surplus de bois nécessaire pour que le biseau soit en sus de la dimension demandée. En estimant que la profondeur du trait de jabloire sera de la moitié de l'épaisseur du bois, ce qui serait trop, mais c'est une supposition, il faudra ajouter deux demi-épaisseurs ou une épaisseur au carré pour être à même d'y trouver le fond demandé. Nous avons vu plus haut que cette épaisseur a été estimée $0^m.0135$: c'est donc 7 millimètres à ajouter sur chacune des faces du carré, qui aura alors $0^m.483$ sur chacun de ses côtés. En faisant passer deux diagonales par les quatre angles du carré, on obtiendra le centre, et, de ce centre, avec un compas, on obtiendra un cercle qui aura $0^m.2415$ (deux cent quarante-un millimètres et demi) de rayon, qui, doublé, est le diamètre $0^m.483$. Lorsqu'il s'agira de chantourner les fonds, l'ouvrier fera bien de tracer deux cercles concentriques dont le plus petit aura le diamètre porté au tableau, $0^m.469$, et le plus grand $0^m.483$; le petit cercle distant du grand cercle de $0^m.075$, servira à déterminer la naissance du biseau circulaire.

Ainsi, il faudra pour faire les fonds, deux carrés

formant ensemble un carré long ayant 0^m.483 sur les petits côtés, et 0^m.966 sur les grands côtés.

En résumé, il faudra, pour faire un tonneau contenant 125 litres :

1° Pour le corps du tonneau en merrain, de 0^m.135 d'épaisseur, un carré long ayant en hauteur, dans le sens du fil du bois, 0^m.724; et en largeur, en travers le fil du bois, 0^m.609;

2° Pour faire les fonds, deux carrés en traversin de même épaisseur, ayant chacun 0^m.483.

CHAPITRE II.

Fabrication des Futailles ordinaires.

—

PREMIÈRE SECTION.

PRÉPARATION DU BOIS.

Le tonnelier commence par choisir le bois qu'il veut employer, et par mettre à part les outils qui doivent servir à exécuter son premier travail. Ordinairement c'est l'hiver qu'il prépare son bois, qu'il taille ses douves et ses fonds et les met en état d'être montés. Cet ouvrage étant achevé, la plus grande partie de sa besogne est faite; il ne lui reste plus, pendant l'été, qu'à joindre ses douves ou, en termes du métier, à *monter les tonneaux et à les relier.*

Le tonnelier a besoin, pour façonner son merrain, du Rabot, de la Colombe, de la Plane, de la Selle à tailler, du Charpi ou Billot, de la Cochoire, de la

Doloire, de la Scie à chantourner, du Coutre et de la Mailloche.

La première opération a pour objet de dégauchir le merrain. A cet effet, l'ouvrier prend un tas de ces planches qu'il pose contre le Billot, et, pour en former les douves de ses tonneaux, il les travaille séparément. Il place une de ces planches sur le Billot (fig. VIII et IX), en la faisant porter sur les *hausses* ou *échasses*, et la diminue d'épaisseur avec la Doloire. Il en ôte les inégalités et l'unit en coupant toujours le bois de travers. Ce travail demande de l'adresse.

Le tonnelier dole en appuyant le bout du manche de la Doloire sur sa cuisse; il pose le pouce sur le manche de l'outil, que sa main sert principalement à diriger, et le mouvement qu'il donne à sa cuisse facilite beaucoup cette opération.

La doloire pèse ordinairement 5 à 6 kilog., et l'outil n'agit presque que par son poids.

Doler est le travail le plus rude et le plus difficile du tonnelier. Peu d'ouvriers dolent bien et promptement. Aussi, dans les grands ateliers, où chacun a sa spécialité, on fait grand cas du bon doleur, et on le paie très-chèrement.

Comme la hauteur de la cuisse du tonnelier est une donnée variable, il faut nécessairement se conformer à cette donnée pour la hauteur que doit avoir le Billot destiné à porter la planche que doit travailler celui qui dole, et faire en sorte qu'en opérant il se trouve le moins gêné possible.

L'ouvrier qui dégauchit le merrain pour en former des douelles diminue de leur épaisseur dans certaines

parties, où elles se trouvent réduites à 8 ou 9 millimètres, tandis que, dans d'autres endroits, elles conservent toute leur épaisseur, c'est-à-dire un centimètre et demi à 2 centim. qu'elles devraient avoir sur
toute leur longueur.

L'une des surfaces de chaque douve doit nécessairement former une partie circulaire. Aussi le tonnelier
s'étudie-t-il à donner cette forme seulement à celle
des surfaces qui doit constituer l'extérieur du tonneau.
A l'égard de l'autre surface de la douve, qui se trouvera dans l'intérieur du tonneau, comme il importe
peu que, dans cette partie, la futaille tienne de la
forme d'un polygone, on se contente de la dresser et
de l'unir. Le tonnelier taille donc en dos-d'âne une
des surfaces de son merrain, en abattant de chaque
côté sur la longueur de la douve un peu de son épaisseur, et lui laissant du renflement dans le milieu.
C'est cette préparation qu'on appelle *tailler en roue*
(fig. CXXIX), et qui a pour objet, ainsi que nous

Fig. CXXIX.

venons de le dire, de rendre convexe la surface extérieure de chaque douelle.

La planche étant bien dressée sur la surface intérieure du tonneau et arrondie sur l'extérieur, il s'agit
de préparer les côtés ; mais, avant d'aller plus loin,
il y a deux remarques à faire relativement à la forme
des tonneaux :

1° On sait que tout tonneau est plus renflé vers sa partie moyenne que vers les extrémités : c'est ce qu'on appelle le *ventre* de la pièce, ou plus communément le *bouge*. Pour donner une idée de la forme d'un vase de ce genre, nous avons dit qu'on pouvait le regarder comme deux cônes, à côtés courbes, qui seraient réunis par leur base. C'est à l'endroit de cette réunion que se trouve le bouge, et aussi que l'on place l'ouverture du bondon. D'après cela, chaque douve doit aussi avoir plus de largeur dans cette partie *c* que vers ses extrémités *e d* (fig. CXXX).

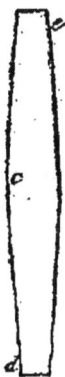

Fig. CXXX.

2° Le tonneau étant formé par plusieurs douves arrangées circulairement les unes à côté des autres, pour que les côtés de ces douves se touchent sans laisser d'intervalle, il faut que les douves, dans leur épaisseur, fassent une espèce de biseau ou aient une certaine pente, c'est-à-dire qu'en regardant la douve comme formée de deux surfaces, celle qui doit être à l'intérieur du tonneau doit être moins large que celle qui doit se trouver à l'extérieur. Pour rendre ceci encore plus sensible et régler la direction de ce biseau, il faut se figurer les douves arrangées circulairement les unes à côté des autres et le tonneau monté (fig. CXXXI). Pour que les douves puissent prendre la forme du tonneau, il faudrait que ce biseau fût taillé suivant

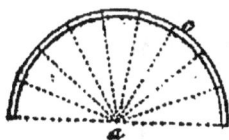

Fig. CXXXI.

un rayon qui, de la surface extérieure de la douve *c*, irait se rendre au centre du tonneau *a*. Cependant, ce

n'est pas absolument sur cette direction que le tonnelier se règle en faisant son *clain* ou *clan* (c'est le nom
qu'on donne au biseau). Il fait bien en sorte que les
douves se touchent par leur surface intérieure ; mais
il donne au clain de chaque douve une obliquité moins
considérable qui éloigne les deux surfaces extérieures,
et qui laisse sur la partie visible du tonneau un espace *b* entre une douve et
sa voisine (fig. CXXXII). Les
ouvriers appellent cet espace *la serre* : il est nécessaire pour faciliter le res-
serrement et la compression

Fig. CXXXII.

du bois. On opère ensuite cette compression par le
moyen des cercles qui retiennent les douves. Pour
lors, les rayons *c a* (fig. CXXXI), imaginés partant de
la surface extérieure de la douve, deviennent conver-
gents au centre, et nous avons dit qu'il le fallait ainsi
pour que les douves ne laissassent aucun intervalle
entre elles.

Pour faire son fût plus renflé vers le milieu que
vers les extrémités, le tonnelier commence donc par
diminuer chaque douve de largeur vers les deux bouts,
et laisse au milieu de la planche toute sa largeur. C'est
l'œil qui lui indique la quantité de cette diminution.
D'ailleurs, elle n'est point fixe ; elle doit être plus ou
moins forte, suivant que le merrain qu'il travaille est
plus ou moins large. La seule inspection de sa douve,
posée de champ et vue sur sa largeur, lui indique si le
sommet de l'angle est bien pris sur la partie moyenne
de la planche : il n'a point d'autre règle plus sûre

ni plus exacte, et ce coup-d'œil suffit, car on voit peu de tonneaux varier dans leur forme : ils se ressemblent tous. Il est vrai qu'il lui reste une ressource pour rectifier la forme de la futaille; mais il sera temps d'en parler, lorsque nous en serons au chapitre des moyens employés pour monter la futaille.

Ces premières préparations que l'on fait subir aux douves sont exécutées, comme nous l'avons dit, sur le Billot. Après avoir dressé la douve, avoir taillé les surfaces, dont l'une droite et l'autre en roue, c'est-à-dire bombée, l'ouvrier donne sur cette planche, qu'il tient presque verticale sur son champ, un coup de Doloire, en commençant à emporter du bois vers sa partie moyenne *c* (fig. CXXX), et en continuant jusqu'à ses extrémités *e d*.

Quand ce côté de la douve est préparé, il la retourne dans sa main, et en fait autant de l'autre côté. Ensuite, pour ne pas perdre de temps, et sans quitter l'outil, qu'il tient de la main droite, il change sa douve, bout pour bout, en la jetant en l'air et la retenant de la même main; puis il recommence le même travail sur l'autre extrémité.

L'ouvrier se sert encore, pour perfectionner cette préparation, de la Plane et de la Selle à tailler. La douve étant placée sur celle-ci, il en diminue, s'il le faut, la largeur, en commençant, comme nous l'avons dit, par le milieu, et en emportant toujours d'un côté et d'autre, jusqu'à ce que cette diminution soit régulière. Il retourne ensuite la douve bout pour bout, l'assujettit de même sous la serre de la Selle à tailler, et recommence ce même travail, toujours en allant du milieu vers le bout.

Enfin, il achève en passant le bois sur la Colombe. Cet instrument règle mieux la diminution à faire à la douve, et on peut changer cette diminution en appuyant plus ou moins sur la planche qu'on passe sur la Colombe et en l'inclinant un peu quand on veut former le clain de la douve; on continue cette manœuvre jusqu'à ce que la planche soit régulière. Le coup-d'œil suffit ordinairement pour juger de cette régularité, et si l'on a besoin de mesure, c'est le doigt qui en sert. On le place vers les extrémités de la douve, et l'on juge par ce simple procédé de combien est la diminution faite aux extrémités de la douve et de quelle quantité elle se trouve plus large dans le milieu. Cette diminution sur une douve de largeur moyenne et d'un mètre de longueur environ, est d'un centimètre et demi à 2 centimètres.

Quelques tonneliers sont dans l'usage de finir une douve avant d'en commencer une autre, et ils présentent sur cette douve qu'ils ont faite le plus régulièrement qu'il leur a été possible, les autres douves qu'ils travaillent et qui doivent servir à une futaille d'un même modèle.

Pour pratiquer sur l'épaisseur de la douve la pente dont nous avons parlé, l'ouvrier penche un peu la douve en la faisant passer sur la Colombe du côté où il veut former le biseau, et, en s'appuyant sur elle, il la promène dans toute sa longueur sur l'instrument. Par ce moyen il enlève une partie de sa largeur, mais plus du côté de la face plate que de celle qui est en roue. Cette opération recommencée de l'autre côté rend sa surface intérieure moins large que la surface extérieure, ce qui, comme nous l'avons dit plus haut, permet aux douves arrangées circulairement de se rassembler parfaitement, de façon que les pièces, liées et serrées, ne laissent aucun espace par où la liqueur puisse s'échapper.

Pour donner aux douves la forme circulaire que doit avoir une de leurs surfaces, et pour former sur leur épaisseur le biseau ou le clain, quelques ouvriers ont des planches taillées sur des portions de douves. Ce sont des espèces de *Patrons*, nommés *Panneaux*, *Cerches*, *Modèles*, *Clés*, *Calibres* ou *Crochets*, sur lesquels ils présentent la douve qu'ils se proposent de tailler, et ils font en sorte, en l'appuyant le long de cette planche, qu'elle suive parfaitement le contour de la courbe que l'on a donnée au modèle.

On a différents crochets, et chacun porte une portion de la courbe du tonneau que l'on veut construire. Ainsi, pour former, par exemple, le crochet d'une des futailles appelées vulgairement *quart* et *demi-queue*, on aura dû décrire sur une planche, avec un compas ouvert de la dimension du rayon du quart ou de la demi-queue, une portion de la circonférence de ces pièces; et, à chaque douve que construit l'ouvrier, il la présente le long de cette courbe pour l'exécuter sur l'une des surfaces de la douve qui doit être employée à former cette pièce. Nous verrons plus loin que dans certains vaisseaux, comme les cuviers, les baignoires, et généralement tous ceux dont les différentes parties ne forment pas des cercles réguliers, les douves ne portent pas toutes une même courbure, et que, dès-lors, il faut un double crochet pour aider à former ces différentes courbes.

Sur les crochets dont il vient d'être question, on n'a pas achevé de décrire la courbe dont nous venons de parler ; mais on a terminé une de ses extrémités par une échancrure *a* (fig. CXXXIII) formée par la courbe et par une ligne qui vient aboutir à cette partie de la circonférence du tonneau que représente le crochet. Cette

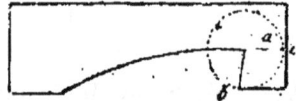

Fig. CXXXIII.

ligne *a* doit servir à donner l'angle au biseau qui doit se trouver sur l'épaisseur de la douve, et qui doit être tracé, comme nous le savons, de façon que cette ligne ne forme pas tout-à-fait un rayon du tonneau ; car les douves taillées sur ce patron étant réunies, doivent se toucher par leur surface interne et laisser un espace extérieurement. Cet espace ne se trouve rempli que lorsque les cercles placés serrent les douves ; alors le bois se comprime, et cet intervalle extérieur entre les douves disparaît entièrement, et c'est à ce moment que le biseau devient un rayon de la circonférence.

Pour tracer ce crochet et la ligne *a b* dont nous venons de voir l'usage, le tonnelier prolonge par un trait sur sa petite planche, la courbe *a b*, qui est déjà tracée, et la mène jusqu'en *c*. Il prend son compas qu'il ouvre d'une petite quantité (la moindre est le mieux), trace un cercle, et la prolongée de la courbe forme une corde qui coupe le cercle ; il élève une perpendiculaire sur cette corde qui, à l'endroit où elle coupe la première, donne la pente de la ligne *ab*, destinée à diriger l'obliquité du biseau de la douve.

Les douves préparées, le tonnelier les met à couvert et les arrange par piles, lit par lit, les unes à côté des autres, en croisant le premier rang par le second, et ainsi de suite, et plaçant toujours alternativement le rang supérieur dans un autre sens que l'inférieur : il les laisse dans cet état jusqu'au temps où il compte s'en servir pour construire ses tonneaux.

Le tonnelier prépare ensuite son *traversin :* nous avons dit qu'on nomme ainsi le bois qui doit lui servir à faire ses fonds; il le place sur le Charpi, et, avec sa Doloire, il unit une de ses surfaces, et dresse sa planche. Cette opération, comme toutes celles de la tonnellerie, doit être faite avec célérité.

On acquiert bientôt l'habitude de travailler aisément le bois, et de le manier avec dextérité. Cela dépend en partie d'un tour de main, soit pour retourner la planche et la changer de surface, soit en la jetant en l'air, comme nous l'avons dit plus haut pour la changer de bout, et la retenant de la même main. Si le traversin est trop épais, le tonnelier se sert du Coutre pour en faire deux planches en le fendant, lesquelles planches peuvent quelquefois lui servir toutes les deux. Pour cela, il place la lame de l'outil sur le milieu de l'épaisseur de la planche, et frappant dessus avec la Mailloche, dans le sens des fibres du bois, il oblige le Coutre à entrer dans la planche. Il appuie ensuite sur le manche de l'outil, et divise ainsi la planche suivant son épaisseur et dans toute sa longueur. C'est l'adresse du tonnelier de bien conduire son outil pour garder le milieu de la planche. Les fendeurs, qui font des cerches, des lattes, des charniers, des cercles, etc., se servent aussi du Coutre, qui devient d'autant plus difficile à manier que la pièce à fendre est plus longue.

Il n'est nécessaire ici que d'unir l'une des faces du traversin, celle qui doit faire la partie extérieure du fond; on laisse sans aucune préparation la surface qui doit se trouver située à l'intérieur. Il faut ensuite dresser les côtés du traversin qui forment son épaisseur. On passe à cet effet chaque planche sur la Colombe, et, en la tenant dans une position verticale, on en unit les côtés, pour que les diverses planches, placées l'une contre l'autre, ne laissent aucun intervalle entre elles et se joignent exactement. Pour s'assurer que les surfaces travaillées sont dans les conditions voulues, avant de quitter la planche qu'on a dressée sur ses champs, on a toujours soin de la présenter contre une autre finie, afin de voir si ces côtés rassemblés l'un contre l'autre, se rapportent bien.

Le traversin ainsi dressé et les côtés bien unis, on le met en pile comme on a fait pour le merrain; il doit rester en cet état jusqu'à ce qu'après avoir fait les futailles, on veuille les *foncer*, c'est-à-dire y mettre les fonds.

DEUXIÈME SECTION.

MONTAGE DES TONNEAUX.

Monter ou *bâtir* un tonneau, c'est arranger les douves, les disposer chacune à sa place, de façon qu'en les serrant avec des cercles, elles forment le corps du fût. C'est, en général, au printemps, que le tonnelier exécute cette opération.

Comme nous venons de le voir, le travail de l'hiver a consisté à préparer, doler et dresser les douves et les traversins, c'est-à-dire à faire le plus difficile de l'art du tonnelier.

Pour nous fixer dans la description du montage d'un tonneau, prenons pour exemple une demi-queue ou un poinçon.

On commence par lier quatre cercles qui ont des dimensions conformes à celle qu'on veut donner à la pièce. Deux cercles doivent être placés à un décimètre et demi environ du bondon, un de chaque côté et avoir, par conséquent, un diamètre égal à celui du fût près du bouge. Les deux autres doivent être placés près du jable et avoir le même diamètre que le tonneau aura en cet endroit.

Comme nous l'avons dit, le tonnelier, pour ne pas se tromper, a ordinairement plusieurs cercles de fer de différentes grandeurs suivant la jauge du tonneau qu'il se propose de construire : c'est sur un de ces cercles de fer qu'il plie les premiers cerceaux dont nous parlons.

Après avoir choisi le nombre des douelles dont il a

besoin pour former sa futaille, l'ouvrier les dresse
debout, et les posant les unes sur les autres, il leur
donne une certaine inclinai-
son (fig. CXXXIV), pour les
retenir toutes avec le secours d'une seule douve, qui,
placée en arc-boutant dans
une inclinaison contraire aux
premières, soutient toutes
les autres. Quand il peut se
placer le long d'un mur, il

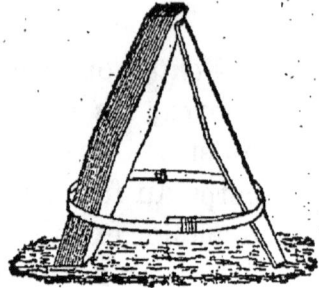

Fig. CXXXIV.

n'a pas besoin de ce moyen pour soutenir ses douves;
il les appuie contre ce mur, à portée de l'endroit où
il bâtit son tonneau.

Cela fait, l'ouvrier prend un des cercles qui doivent régler la dimension du tonneau sur le jable, il
fait prendre un peu son tire-fond dans le cercle
(fig. CXXXV), et appuie la première douve contre ce

Fig. CXXXV.

tire-fond. C'est la douve la plus large qui doit être

placée la première. Lorsqu'elle est en place, il la retient avec la main gauche, ou bien, s'il n'emploie pas le tire-fond, il se sert d'une fourche en bois semblable à celles qui servent à fixer le linge à sécher sur les cordes; cette fourche maintient le cercle et la douelle. A côté de cette première douelle, il en range d'autres, ainsi qu'il est indiqué dans la figure, jusqu'à ce que le cercle soit garni.

Rarement les douves se trouvent être justement de la largeur voulue pour remplir exactement le cercle. Alors, quand il n'y a plus qu'un petit espace à remplir, on ôte une petite douve et on la remplace par une plus large; ou bien on en ôte deux étroites et on en met une plus large à elle seule que les deux qu'on a ôtées; ou bien on en ôte une large et on la remplace par d'autres ayant plus de largeur à elles deux; ou encore on en retourne quelques-unes de bout en bout pour trouver à assortir, etc., etc. Quand aucun de ces moyens ne permet de remplir le cercle, on se décide à prendre une douve plus large que les autres, et on l'ajuste en la diminuant progressivement sur la Colombe, après avoir mesuré avec une paille ou mieux le mètre combien il faut ajouter ou retrancher pour arriver juste.

Pour s'assurer si les douves ne forment point dans leur ensemble un cercle plus grand d'un bout du fût que de l'autre, l'ouvrier les retourne toutes bout pour bout, les arrange comme il a fait la première fois : c'est ce qu'il appelle *batourner*. Il mesure de nouveau la distance entre les douves avec la paille, et cette paille lui apprend si ces douves sont d'égale largeur sur leurs deux extrémités, et c'est sur cette mesure qu'il arrange sa nouvelle douve en lui donnant les dimensions indiquées par la paille. S'il y a trop à enlever, c'est sur la Selle à tailler qu'il enlève le superflu avec la Plane, sauf à dresser ensuite la planche sur la Colombe et à lui donner la pente nécessaire pour qu'elle joigne exactement avec les autres. Cette douve que travaille le tonnelier, doit servir encore à donner au tonneau la forme prescrite, et c'est à l'aide de cette dernière opération que l'ouvrier fait en bâtissant son vase, que l'on corrige la forme irrégulière que pourrait avoir donnée à ce vase la diminution que nous avons dit qu'on était obligé de faire sur la largeur des douves, depuis leur milieu jusqu'à chacune de leurs extrémités, afin de former le bouge.

Si cette diminution n'a pas été faite également sur les deux extrémités des douves, le tonnelier arrange sa nouvelle douve sur l'observation qu'il en a faite, et cette douve qui doit finir le tonneau étant achevée, il la met en place.

Quand son cercle est garni de douves, l'ouvrier les frappe, d'abord toutes en dessus, puis en dedans, pour les faire rentrer l'une dans l'autre et se joindre exactement. Après cela, il met un second cercle plus large que le premier et qui descend au-dessous de celui qui a servi de règle pour donner les dimensions au tonneau (fig. CXXXVI). Ce second cercle est ordinairement nommé *cercle du bouge* : il sert également à retenir les douves. On frappe sur ces cercles pour les faire serrer, et on donne aussi quelques coups sur les douves pour les empêcher de *revenir*, c'est-à-dire de remonter.

Il ne s'agit plus alors que d'arranger l'autre bout du tonneau. Pour cela, le tonnelier retourne son fût et emploie, pour resserrer toutes les douves qui tendent à s'écarter les unes des autres, à peu près comme les plumes d'un volant, l'appareil nommé Bâtissoir (fig. LIV). Il passe la corde autour du tonneau, et, par le moyen du petit levier, ou garrot, il fait tourner l'arbre sur lequel la corde s'entortille : ce qui opère le rapprochement des douves (fig. CXXXVII).

Fig. CXXXVI.   Fig. CXXXVII.

Cela fait, l'ouvrier prend un cercle de jable, qu'il a préparé à l'avance, et qu'il tient à proximité. Ce cercle est justement de la grandeur du premier qu'il a placé à l'autre bout du tonneau. Il le pose sur le bout de ce dernier et le fait entrer en appuyant fortement dessus, ce qui, en assujettissant ce même bout, rend inutile la pression de la corde et permet d'enlever le Bâtissoir. Il remet encore de ce côté un second cercle de bouge plus grand que celui de jable et qui, comme nous l'avons expliqué, porte sur les douves plus près du bondon. Le fût ainsi retenu par quatre cercles, est en état d'être transporté. Il reste cependant encore quelques opérations à faire que nous décrirons plus bas.

Presque toujours, pour faire revenir les douves plus facilement et pour empêcher le bois de se casser en lui faisant prendre la courbe que l'on veut donner au tonneau, on met un demi-tablier plein de copeaux par terre à l'intérieur du fût et on met le feu à ces copeaux : la chaleur attendrit le bois, qui devient plus souple et obéit mieux au Bâtissoir.

Cette opération se fait dans un endroit éloigné de celui où se fait le travail, et ordinairement en plein air, afin d'éviter le danger des incendies.

On voit maintenant pourquoi les douves ont été diminuées sur l'épaisseur et sur la largeur : chacune d'elles prend extérieurement la courbe, et le tonneau a la forme circulaire qu'il doit avoir dans chacune de ses parties.

TROISIÈME SECTION.

PARAGE, CHANFREINAGE, ROGNAGE, JABLAGE.

§ 1. AVANT-PROPOS.

Après avoir monté le fût et l'avoir relié par deux cercles de chaque côté du bouge, il s'agit de réduire chaque douve à une même longueur. Cette opération qui se nomme *rogner les douves*, demande beaucoup d'attention. Elle doit précéder celle où le tonnelier fera le jable, la perfection de cette seconde préparation dépendant en grande partie du soin qu'on a mis à exécuter la première.

Avant de décrire la manière de rogner et de faire le jable, nous devons dire un mot de deux opérations moins nécessaires que celles-ci et moins difficiles à exécuter, mais que l'on doit toujours pratiquer avant celles de rogner et de jabler : ce sont le *parage* et la formation du *pas d'asse* ou *chanfrein*.

Pour entendre ce que le tonnelier nomme *faire le parage* et le *pas d'asse*, il faut se représenter la figure intérieure que doit avoir le tonneau. Nous avons dit qu'il formait un polygone à autant de côtés qu'il y a eu de douves employées à le construire, plutôt qu'une surface arrondie, parce que l'espace compris entre des planches droites ne pouvait pas donner une surface circulaire et cylindrique. Il faut encore savoir que la petite portion de l'intérieur du tonneau qui doit rester apparente, est celle comprise depuis chaque extrémité du tonneau jusqu'à la rainure du jable.

§ 2.   PARAGE.

Le PARAGE est l'opération au moyen de laquelle, dans la partie du tonneau qui doit rester visible, le tonnelier change la figure de polygone qu'il avait auparavant, et lui donne une forme circulaire. Avant de parer son jable, il prend son fût et le pose sur une surface unie, pour examiner, en frappant sur toutes les douves et les faisant porter sur ce terrain égal, celles qui sont plus longues qu'il ne convient à la dimension du tonneau ; il porte ensuite son fût dans la Selle à rogner, et le maintient de façon qu'il ne puisse lui faire changer de place dans cette sorte d'étau que lorsqu'il voudra abandonner l'endroit achevé pour en travailler un autre.

Pour donner au jable une forme circulaire, on enlève dans l'intérieur du tonneau une partie de l'épaisseur de chaque douve, surtout vers le milieu de leur largeur, et cela seulement dans une hauteur de 14 à 16 centimètres, mais, à chaque bout, afin que la rainure du jable en soit plus régulière et que la mise en place du fond soit facilitée lors de son introduction dans le jable.

§ 3.   CHANFREINAGE.

Cette première opération achevée, l'ouvrier s'occupe de former intérieurement sur chaque extrémité des douves, aussi à chaque bout du tonneau, un biseau ou espèce de chanfrein que l'on peut voir sur un tonneau achevé. C'est en cela que consiste le CHANFREINAGE, et le biseau se nomme, comme nous l'avons vu, *pas d'asse*. Outre que ce biseau donne une certaine propreté au tonneau, il facilite encore son maniement et le rend plus aisé à soulever quand on veut le dresser sur l'un de ses fonds. Une autre raison qui engage à le former et qui le rend en quelque sorte nécessaire, c'est que les extrémités des douves ayant alors moins d'épaisseur, il est plus facile d'achever de les rogner. On prétend aussi que les planches, ainsi terminées par un biseau, sont bien moins sujettes à *s'écaler*, c'est-à-dire à se lever par éclats.

Pour former le pas d'asse, la pièce restant toujours

assujettie dans la Selle à rogner, on enlève une partie de l'épaisseur des douves sur leurs extrémités en amenant l'Assette à soi, et se tenant en face de l'ouverture du tonneau, au lieu qu'en formant le parage dont nous avons parlé, l'ouvrier n'a devant lui que la partie de la circonférence du tonneau qu'il travaille. Il retranche et enlève donc le long des bords des douves intérieurement, la moitié de leur épaisseur, et forme le biseau qui fait partie du jable des tonneaux. On rectifie ce biseau en y passant le Rabot rond cintré en bateau.

§ 4. ROGNAGE.

Indiquons maintenant les moyens employés pour achever de rogner le tonneau.

Nous venons de dire que le tonnelier assujettit son fût dans la Selle à rogner (nous verrons plus bas qu'il n'a point recours à cet instrument lorsqu'il s'agit seulement de rogner les petits vaisseaux; nous décrirons alors les moyens qu'il y substitue). Après avoir coupé avec l'Assette les douves qui débordent beaucoup les autres, il prend son Rabot plat et le promène circulairement sur toute l'épaisseur des douves en coupant toutes celles qui seraient encore plus longues, jusqu'à ce que la circonférence du tonneau soit bien formée et régulière dans toutes ses parties; il ne faut point qu'il y ait de ressaut sur cette surface, parce que, comme nous allons le voir, elle doit régler la rainure dans laquelle doit entrer le fond, et que les mêmes inégalités, s'il y en avait sur cette surface, se trouveraient répétées dans la rainure du jable.

Le Rabot emporte aisément les parties inutiles et celles qui débordent la longueur que l'on veut laisser aux douves, parce que le biseau a réduit considérablement leur épaisseur. D'une main, l'ouvrier fait tourner son fût dans la Selle à rogner, tandis que de l'autre, qui tient le Rabot, il travaille la partie de la circonférence qui se présente devant lui.

§ 5. JABLAGE.

Le tonneau étant toujours placé dans la Selle à rogner, il s'agit de procéder au JABLAGE, c'est-à-dire de pratiquer l'espèce de rainure dans laquelle doit entrer le fond, et qui se nomme particulièrement le *jable*. Cette rainure a de 5 à 7 millimètres de profondeur, et son éloignement dès extrémités des douves varie suivant les dimensions des futailles. On la pratique avec le Jabloir (fig. XXXII).

Le tonneau étant bien assujetti, après avoir mis le fer du Jabloir à distance convenable, on promène cet outil tout autour du tonneau, intérieurement, en ne faisant tourner celui-ci, dans la Selle à rogner, que lorsque la rainure est bien formée. L'ouvrier se tient de côté pour la pratiquer, et appuie sur l'outil en l'amenant à lui. La pièce de bois, qui sert de conducteur, porte sur le bout dressé des douves, et, par ce moyen, si elles ont été dressées exactement, on est sûr que le jable sera régulier.

Cette opération ne demande pas de la part de l'ouvrier qui forme le jable une grande adresse, elle exige seulement de la force et une attention scru-

puleuse, parce que, le conducteur portant toujours
contre le bord dressé des douves, il s'exposerait à
donner à la rainure plus de profondeur dans un
endroit que dans l'autre. La douve qui aurait été
creusée davantage serait trop affaiblie dans cette
partie, et elle casserait comme cela n'arrive que trop
fréquemment.

L'ouvrier doit plutôt observer l'épaisseur de ses
douves que le mouvement qu'il donne à son outil :
en consultant l'explication des figures, on verra que
la lame de fer du Jabloir est taillée en dents de scie
et renfermée dans une coulisse en fer formant palette, et que la scie ne doit déborder la palette que
de la profondeur que l'on veut donner à la rainure.
Ainsi, quand une fois les dents sont entrées de toute
leur saillie, le bout de la palette porte sur la douve,
et l'outil ne peut plus mordre. Mais, quelquefois, la
douve rentre en dedans et elle a moins d'épaisseur
dans cette partie où l'on forme le jable; dans ce cas,
l'ouvrier ne doit ouvrir sa rainure que d'après l'observation qu'il a faite de la partie qu'il va travailler.

§ 6.   OBSERVATIONS.

Quand, au lieu d'un poinçon, l'ouvrier forme le
jable d'une futaille de petites dimensions, un quart,
par exemple, il n'est point nécessaire qu'il la porte
dans la Selle à rogner pour la rogner et la jabler; il
se sert d'un autre moyen plus expéditif. Il met le
vaisseau en long sur une pièce ou un poinçon qui
porte sur un de ses fonds : c'est un vieux poinçon

défoncé, le premier qui se rencontre, qui sert ordinairement à cet usage. L'ouvrier passe une corde par
le bondon de cette vieille pièce, et attache une de ses
extrémités au moyen d'un bâtonnet qui se place en
travers de la bonde. Ensuite, il ceint avec cette corde
le tonneau qu'il veut rogner, et il attache au bout
de la corde qui retombe, un poids quelconque qui
assujettit assez solidement le fût pour qu'il puisse
être travaillé. D'autres fois, au lieu de suspendre un
poids au bout libre de la corde, il y fait une boucle
dans laquelle il passe le pied, ou bien encore il presse
avec le pied sur le poids qu'il a mis, lorsque celui-ci ne
suffit pas. Tout cela est à peu près indifférent, d'autant plus qu'assez souvent l'ouvrier passe le bras
gauche par-dessus le quart, tandis que de la main
droite il le rogne et forme ensuite le jable comme il
a été dit pour les poinçons.

Le jable fait, le tonnelier peut arranger les fonds
qui doivent fermer les deux bouts du fût.

QUATRIÈME SECTION.

FONÇAGE.

Quand le tonneau est monté, rogné et jablé, il faut
songer à le *foncer*, à en faire le FONÇAGE, c'est-à-dire
à le munir de ses fonds.

Le fond est composé de plusieurs pièces juxtaposées,
assez souvent de cinq (fig. CXXXVIII), savoir : d'une *a*
plus large que les autres et que l'on nomme *maîtresse
pièce;* de deux autres *b b* qui sont à chacun des côtés

de celle-ci, et qu'on nomme *aisselières*, et de deux dernières *cc* qui terminent le fond et qu'on nomme *chanteaux*. Pour ménager le bois, on choisit deux petites planches pour former ces dernières. On en retrouve souvent qui avaient été rebutées, parce qu'a-près en avoir ôté les parties défectueuses elles n'a-vaient pu être employées parce qu'elles étaient trop courtes, et qui, ayant maintenant la longueur requise, se trouvent encore très-bonnes pour faire les chan-teaux.

Quelquefois, quand le traversin a de larges dimen-sions, on n'emploie que quatre planches au lieu de cinq (fig. CXXXIX), deux *aa*, dont la réunion est au

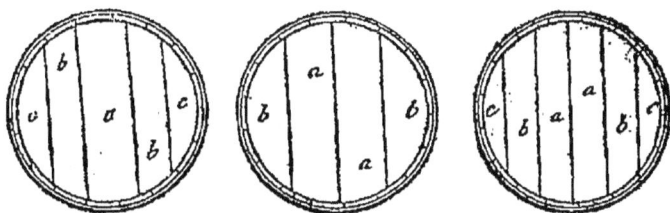

Fig. CXXXVIII.   Fig. CXXXIX.   Fig. CXL.

milieu du fond, et les deux chanteaux *bb*. Si, au contraire, le traversin porte peu de largeur, on com-pose le fond de six pièces (fig. CXL), savoir : deux maîtresses pièces *aa*, deux aisselières *bb*, et deux chanteaux *cc*.

Ces cinq, quatre ou six planches étant juxtaposées sur une surface plane, on ouvre le compas de la sixième partie de la circonférence prise dans le jable. On en place une branche sur le centre de ces planches, vers le milieu de la maîtresse pièce, et, avec l'autre pointe, on trace un cercle, qui sera la mesure du fond. Pour que ces planches se tiennent bien pressées les unes contre les autres pendant cette opération, on les maintient avec le Sergent. Ensuite, on les scie, suivant le trait marqué, à l'aide du Feuillet, en laissant ce trait franc, c'est-à-dire apparent en dedans. Après cette opération, on forme un biseau sur l'endroit coupé par la scie, sur tout le contour du fond, pour que les planches puissent entrer dans le jable.

Pour faire ce biseau, l'ouvrier met chacune des planches du fond sous la serre de la Selle à tailler, il la retient en appuyant ses pieds sur le palonnier en dessous du banc, et, avec la Plane, il commence par bien arrondir son fond en suivant le trait, puis il finit par ôter en biseau l'épaisseur des planches à la distance de $0^m.012$ à $0^m.014$ millimètres sur toute la circonférence du fond. Ce biseau doit avoir à peu près la même hauteur qu'on a donnée au chanfrein ou pas d'asse qui contourne la circonférence des extrémités du tonneau construit : c'est une règle entre les tonneliers dont ils ne peuvent trop rendre raison. Ensuite, l'ouvrier renverse chaque planche et pratique un biseau pareil sur l'autre face. Il ne reste plus alors qu'à mettre en place les fonds ainsi travaillés.

Lorsqu'il s'agit des fonds de fortes pièces, on les goujonne en bois. Les fonds des seaux, brocs et autres pièces qui fatiguent sont aussi goujonnés, mais en fer.

Voyons d'abord comment l'opération se fait lorsque le goujon est en bois. Nous en avons déjà dit deux mots lors de la description de l'outil nommé Goujonnoir (fig. LXIV). Après avoir fait ses goujons, l'ouvrier prend une mèche *ad hoc*, qui a été appareillée de manière à ce que le goujon remplisse exactement, mais sans trop forcer, le trou qu'elle produit. Il perce sur le champ de la planche, et à 1 décimètre 1/2 ou 2 décim. de l'extrémité, un trou le plus droit possible ; il perce un trou semblable à la même distance de l'autre extrémité, puis il engage deux goujons dans ces deux trous ; il les fait entrer et les consolide en frappant la planche tenue de champ sur l'Etabli.

Quand ces deux goujons sont placés, il approche la planche qui doit être jointe à la première, et, au moyen d'un coup sec, il fait en sorte que les goujons, qui sont en bois de bout, fassent une empreinte visible sur le fil du champ de l'autre planche : c'est sur ces empreintes qu'il fait deux trous à cette dernière planche.

Cette opération de la prise d'empreinte des goujons doit être faite sur une table ou sur tout autre endroit bien plan, et, en perçant les trous, il faut veiller à ce qu'ils soient bien droits.

Il y a aussi une observation à faire. Comme ce placement des goujons se fait avant le tracé du *rond*, il faut, en plaçant les goujons, les mettre de manière qu'ils soient, évidemment en dedans de ce cercle, d'un bon décimètre au moins ; car, s'ils se trouvaient très-près de la circonférence, ils pourraient faire éclater les planches lorsqu'ils seront abreuvés par le liquide, qui les fait toujours gonfler.

Quand les trous sont percés à la seconde planche, on engage le bout des goujons dans les trous et on fait joindre les planches en les frappant sur leur champ. Lorsque les deux planches sont bien jointes, et si bien jointes que, présentées au jour, elles ne laissent point passer la lumière, on répète l'opération pour les autres planches, en ayant soin de faire toujours porter sur la surface dressée servant d'appui le même côté qui y a déjà porté. On assemble ainsi les cinq planches ensemble, en ayant soin de réserver les plus courtes pour les chanteaux.

Quand le fond est assemblé, on le porte sur un tonneau et on trace le cercle comme nous l'avons dit plus haut. On le scie avec le Feuillet, puis on replanit au Rabot la face qui portait sur l'Établi lors de l'assemblage, parce qu'ordinairement c'est cette face qui est la mieux dressée, et que c'est de ce côté qu'on avait tourné la surface du traversin qui avait déjà reçu une préparation lors du dégrossissage. On fait ensuite les biseaux avec la Plane, en assujettissant le fond sur l'Établi à l'aide d'un Valet.

L'assemblage au moyen des goujons métalliques est plus facile. Ces goujons sont de petites clavettes en fer plat, longues de 2 ou 3 centimètres, et rendues coupantes par les deux extrémités. On fiche deux de ces clavettes dans la maîtresse planche, sur un de ses champs. Ensuite, on pose cette planche à plat, du côté dressé, sur une surface bien plane, on approche l'aisselière, on fait prendre les clavettes, puis en frappant sur champ les deux pièces, on les fait joindre. Quand toutes les planches sont assemblées, on replanit les deux côtés avec le Rabot, puis on trace le cercle au compas.

Quand il s'agit de scier, le tonnelier pose le fond sur un vieux seau renversé, sur les bords duquel il a planté un rang de clous dont il a laissé saillir la tête, laquelle tête il a ensuite limée en pointe. Ces pointes retiennent le fond en dessous, tandis qu'un des pieds de l'ouvrier, posé en dessus, opère une pression suffisante. Le fond ainsi maintenu est chantourné avec une étonnante promptitude. Il n'y a plus après cela qu'à faire le biseau à l'aide de la Plane, sur la Selle à tailler, puis à le régulariser avec un coup de Râpe.

Pour mettre les fonds en place, nous parlons de ceux qui ne sont pas assemblés, mais qui sont préparés et dont les pièces mobiles ont été repérées, l'ouvrier commence par lâcher les cercles qui avoisinent le jable, en les faisant remonter; il met dans le jable un des chanteaux, il place ensuite une des aisselières, puis, de l'autre partie de la circonférence du tonneau, il pose l'autre chanteau et l'autre aisselière. Il frappe en dedans sur le champ des deux aisselières pour les faire entrer dans le jable, en retenant les douves avec le Tiretoir (fig. LVI) pour faciliter l'entrée de ces pièces dans le jable; mais, pour mettre en place la dernière planche, c'est-à-dire la maîtresse pièce, comme il n'a plus la liberté de passer la main pour soutenir les planches en dessous, il se sert du Tire-fond (fig. LXI). Il fait mordre un peu cet outil dans la planche, et, par ce moyen, il est à même de la soutenir et d'empêcher qu'elle ne tombe dans l'intérieur du tonneau : il appuie, lorsqu'il le faut, pour la faire entrer dans le jable.

Quand il arrive que la planche est trop entrée et qu'elle a passé le jable, le tonnelier, pour la faire revenir, emploie le manche du Tiretoir, qu'il passe dans l'anneau du Tire-fond, et tandis qu'il se sert de la tire comme d'un levier pour retenir la pièce trop enfoncée, il frappe sur les planches voisines à petits coups secs et redoublés avec l'Utinet (fig. LIX); il fait ainsi rentrer cette pièce du fond dans le jable et relève sa voisine, si elle en était sortie ou si elle se trouvait placée trop bas. Il remet ensuite les cercles qu'il avait enlevés et les frappe pour leur faire occuper la place où ils étaient avant. Enfin il répète la même opération à l'autre bout du fût, et la pièce est foncée.

Souvent, le tonnelier s'aperçoit, en remettant les cercles, que son tonneau a *trop de fond* ou qu'il n'en a pas assez. Quand il a trop de fond, les douves ne serrent pas les unes contre les autres, en sorte que le vin s'échapperait. Quand le fond n'a pas assez de surface, qu'il est trop petit, les douves ne serrent point assez les pièces du fond, et ce dernier ne tient pas dans son jable.

Pour remédier au premier défaut, le trop de fond, le tonnelier relève le cercle de la première bande; il soulève avec le Tire-fond la maîtresse pièce, et il la diminue sur les deux côtés qui forment une ligne droite, et un peu sur les bouts; il remet ensuite cette partie du fond en place, comme nous l'avons dit plus haut, et les cercles étant de nouveau chassés à leur place, le tonneau devient hermétique.

Quand le fond n'est pas assez grand, l'ouvrier se

contente souvent de changer la maîtresse pièce et d'en mettre une plus large à la place ; mais il vaudrait beaucoup mieux qu'il fît un nouveau fond ; il remet en place le cercle de la première bande qu'il lui a fallu ôter, il donne de la *serre* en frappant les cercles, et ses fonds, pour lors, sont bien soutenus.

Les Provençaux, pour former les fonds des barils destinés à contenir de l'huile, et de peur qu'elle ne s'échappe entre les planches qui forment les fonds, les joignent encore avec plus de précaution. Ils étendent sur le champ du traversin une feuille de roseau qui garnit les intervalles qui pourraient être restés entre l'une et l'autre planche, et, de plus, ils goujonnent leurs fonds : cette opération les empêche de se déjeter par la chaleur, et rend le fond bien plus solide. On garnit souvent les fonds de ces pièces d'une couche extérieure de plâtre pour empêcher l'huile de transsuder et de se perdre, et aussi pour que les bois des fonds ne se trouvent pas exposés aux alternatives de l'air sec et chaud et de la pluie, ou du moins de l'humidité.

Le tonneau garni de ses fonds et soutenu par des cercles est en état d'être vendu et livré. Le tonnelier, si l'acquéreur le désire, y pratique une ouverture au milieu d'une douve et à égale distance de ses deux extrémités. On nomme cette ouverture l'*ouverture du bondon :* elle est destinée à entonner la liqueur que le tonneau doit contenir. C'est avec une Bondonnière (fig. XL-XLIII) qu'on la fait, et on choisit la douve la plus large et la plus mauvaise ; les deux douves qui accompagnent celle-ci peuvent même être défec-

tueuses. Pourvu qu'il ne s'y rencontre pas de trous ni
de fentes qui puissent permettre au vin de se perdre
en roulant le tonneau, on ne peut faire aucun reproche au tonnelier.

L'usage a permis au tonnelier d'employer ces trois
douves défectueuses parce qu'elles sont toujours destinées à former la partie supérieure du tonneau lorsqu'il est en place dans une cave. Ainsi, ces trois
douves, ou ne porteront pas contre le vin, ou, quand
elles y porteraient, le vin n'agissant pas sur elles par
son poids, comme sur les autres, le bois, quoique
moins parfait, ne laissera point perdre la liqueur,
serait-il même *rouge* ou *vergeté*. Tout bois de chêne,
pourvu qu'il ne puisse pas communiquer de mauvais
goût au vin, peut être employé pour former ces trois
douves.

Souvent, ce n'est pas le tonnelier qui fait le trou
du bondon. Quand les tonneaux sont destinés à être
vendus à des vignerons, ceux-ci se chargent de faire
eux-mêmes cette opération, pour laquelle il est nécessaire seulement d'avoir une Bondonnière. Quelquefois même, dans un village, il n'existe qu'une
Bondonnière que l'on se prête mutuellement.

Le tonnelier prétexte, pour ne point faire l'ouverture du bondon, qu'elle donnerait une entrée aux
ordures qui pourraient communiquer un goût de fût,
que les rats et les souris pourraient s'établir dans le
tonneau; mais la principale raison qui l'engage à ne
pas la pratiquer, c'est qu'elle faciliterait à l'acheteur
le moyen d'examiner l'intérieur de la futaille. Le
marchand donne encore d'autres raisons; mais c'est

presque toujours celle que nous venons d'indiquer qui le détermine.

En plaçant son fond, le tonnelier a eu l'attention d'examiner les douves défectueuses, celles qui sont les moins bonnes du tonneau, et il place son fond perpendiculairement à ces douves; c'est à celui qui fait le trou du bondon à reconnaître les douves défectueuses qui sont destinées à faire les parties supérieures du tonneau pour y percer la bonde. Cette opération est trop aisée à faire pour exiger aucun détail : il faut seulement opérer doucement, afin de ne point fendre la planche que l'on veut percer. Le vin une fois entonné, on ferme cette ouverture avec un bouchon de bois de même diamètre, nommé *bondon*.

CINQUIÈME SECTION.

BARRAGE.

Celui qui achète des tonneaux, met dans sa convention que, quelques mois après les avoir emplis, et lorsqu'il l'exigera, le tonnelier viendra les *barrer*.

On sait que lorsqu'un tonneau est plein, que le vin a travaillé et a eu le temps d'en imbiber les fonds, chacun de ces derniers se dilate au point de jeter les douves en arrière et de déterminer la rupture des cercles. Il existe deux procédés pour remédier à cet inconvénient : on retouche les fonds ou bien on les barre.

Quand un fond s'est dilaté, qu'il a *trop de fond* comme on dit, et qu'on veut le retoucher, l'ouvrier enlève un ou deux cercles du tonneau, vers les extrémités, puis, en procédant ainsi que nous l'avons décrit plus haut, il ôte la maîtresse planche avec le Tire-fond. Il la diminue alors de largeur, à l'aide de la Colombe, sur les deux côtés qui avoisinent les aisselières, après quoi il la remet en place. Quand il veut gagner du temps, il se contente de soulever un des chanteaux, qu'il diminue sur le côté qui touche l'aisselière. Les tonneliers préfèrent généralement cette méthode, lorsqu'il s'agit de substituer une pièce à un fond qui n'a pas assez de diamètre. En la suivant, ils épargnent quelque chose sur le bois qu'ils emploient, mais ils font un mauvais ouvrage et qui n'est pas régulier. On ne peut retoucher ou changer que la maîtresse pièce, quand on veut que la maladresse ou la mauvaise foi de l'ouvrier ne soient point reconnues.

Pour soutenir les planches du fond et les empêcher

Fig. CXLI.

de se *coffiner*, c'est-à-dire de bomber, il faut absolument barrer les fonds.

On appelle *Barre* une planche d'une bonne épaisseur que l'on met en travers sur les pièces qui forment les fonds, afin de les maintenir et de les empêcher de se voiler. On la consolide au moyen de longues chevilles de bois qui, plantées dans les douves, à quelques millimètres du jable, la forcent à s'appliquer énergiquement sur le fond. Or, *barrer un tonneau* (fig. CXLI), c'est y placer une ou plusieurs planches de ce genre, soit sur un fond seulement, soit sur les deux fonds à la fois. On se sert aussi de la même expression pour désigner l'action de percer les trous destinés à recevoir les chevilles des barres.

La barre *a* (fig. CXLII) a exactement la longueur du diamètre du fond, sur une largeur de 0ᵐ.10 à 0ᵐ.11 et une épaisseur de 0ᵐ.025 à 0ᵐ.030. On la fait assez souvent en chêne avec ou sans aubier. Cette planche est simplement dressée à la Doloire et adoucie à la Plane.

Fig. CXLII.

On pratique à chacun de ses bouts un biseau *b* de 14 à 16 centimètres, qui se termine à l'endroit où les chevilles cessent de porter.

Avant de poser la barre, on commence par faire dans les douves les trous où doivent se poser les chevilles. On se sert pour cela du Barroir ou Vrille à barrer (fig. XXXIX). Comme nous l'avons déjà dit, c'est une vrille dont le fer est très-long et la mèche très-étroite, et une courte explication fera comprendre la cause de cette forme. C'est avec cet outil que le tonnelier exécute les trous qui doivent recevoir les chevilles du côté de la circonférence du jable qui est la plus éloignée de lui. Il est donc indispensable que la tige soit assez longue pour qu'elle puisse traverser la futaille dans tout son diamètre, et qu'il en reste encore une certaine longueur pour avoir la facilité de tourner le manche.

L'ouvrier a soin de faire les trous à 5 centimètres environ au-dessus des fonds, afin de laisser l'épaisseur de la barre. Ensuite, il engage sans aucune peine une des extrémités de cette dernière sous les chevilles qu'il a enfoncées sur un des côtés; mais, pour mettre en place la seconde extrémité, surtout quand les planches du fond sont bombées, il est obligé de se servir de la Tire à barrer ou Barroir. Avec le crochet de cet outil, il saisit un cercle qui lui sert de point d'appui, et plaçant l'extrémité de la Tire sur la barre, il lève le manche et s'en sert comme d'un levier pour faire baisser la barre jusqu'à ce qu'elle porte sur le fond; puis il la retient dans cette position à l'aide de chevilles semblables aux premières.

Les chevilles avec lesquelles les barres sont retenues et qui assujettissent les fonds d'un fût sont ordinairement de chêne. Dans quelques endroits, cependant, on les fait de peuplier, de saule ou de bouleau. Elles sont équarries et portent de 11 à 14 centimètres de longueur. On les pose en les chassant avec force dans les trous faits aux douves au-dessus de la barre.

L'usage de quelques provinces est de garnir la barre de quatre à cinq chevilles sur chacune de ses extrémités. Dans d'autres, on n'en met que deux fort petites. En Bourgogne, on en met beaucoup plus : on en garnit presque toute la circonférence des fonds; il

Tonnelier. 12

faut alors leur donner beaucoup plus de largeur et une longueur d'environ 20 à 25 centimètres. Nous verrons bientôt que les chevilles ont d'autant plus de force quand elles portent sur les sommiers.

Il arrive quelquefois que la barre est beaucoup plus simple qu'on vient de le voir. Dans ce cas, elle est taillée en pointe à l'une de ses extrémités, qui s'engage dans un trou unique percé d'un côté, au niveau du fond, tandis que son autre extrémité est retenue, du côté opposé, par deux chevilles posées comme à l'ordinaire.

Il paraît qu'on pourrait prévenir un des inconvénients que nous venons de signaler du trop de fond et des bois qui renflent quelque temps après que l'on a rempli le tonneau de liqueur, si l'on commençait par placer la barre avant d'y mettre le vin, parce qu'elle retiendrait le bois qui, en renflant, demande à s'écarter; mais le tonnelier a de bonnes raisons pour ne la placer que quand les bois, imbibés, ont produit leur effet. Ces raisons sont les suivantes :

1º Il est plus avantageux que le bois soit humide et gonflé pour former sur l'extrémité des douves les trous par lesquels doivent passer les chevilles. Si le bois était sec, il fendrait et la douve deviendrait défectueuse.

2º Le tonnelier percerait ses trous trop bas, et le bois venant à se gonfler et à s'allonger, on ne pourrait plus retoucher le fond. Les trous des chevilles se trouvant alors mal placés nuiraient au changement qu'on aurait été maître de faire au fond de la pièce, dont toutes les parties auraient augmenté de volume.

3° Enfin, c'est un ouvrage que le tonnelier remet à l'hiver, et c'est un temps où il est plus tranquille et moins surchargé d'autres travaux, qui se trouvent réunis dans celui où l'on tire les vins.

SIXIÈME SECTION.

CERCLAGE.

Nous avons laissé le tonneau *monté*, c'est-à-dire garni seulement de quatre cercles pour retenir les douves et les deux fonds. Les tonneliers qui vendent les tonneaux neufs et qui en font le trafic en gros, ou bien qui les envoient au loin, les démontent souvent, en numérotant les pièces et les expédiant en planches, ou, comme ils disent, *en bottes*. Les pièces ainsi envoyées tiennent moins de place et le transport en devient plus aisé et moins coûteux. Les fonds s'expédient à part, ainsi que les cerceaux. C'est l'ouvrage du tonnelier auquel ils sont adressés de retrouver les planches appartenant à chaque pièce, ce à quoi il parvient au moyen du numérotage, et de les relier lorsqu'elles sont arrivées à leur destination.

Le nombre des cercles n'est pas le même dans tous les pays. Ainsi, à Orléans, on en met dix-huit, dont cinq contre le jable et quatre du côté du bouge. A Paris, on en emploie ordinairement quatorze, savoir : quatre sur le jable et trois au bouge. Les quatre du jable s'appellent le *talus*, le *sommier*, le *collet* et le *sous-collet*, ou bien, en ce qui regarde ces deux derniers, le *premier collet* et le *second collet*. Un seul des cercles du bouge a un nom particulier : c'est celui qui est plus près du bondon, et qu'on appelle le *premier en bougé* ou *sur le bouge*. Le nombre des cercles n'a, du reste, rien de bien rigoureusement déterminé. Il varie non-seulement suivant les usages locaux, mais encore suivant qu'ils sont plus ou moins larges et plus ou moins forts.

Souvent, les cercles sont séparés entre eux par des espaces vides. Quelquefois, au contraire, ils sont serrés de telle sorte qu'ils se touchent tous. Dans ce dernier cas, le cerclage est dit *en plein*.

Une futaille est *entièrement montée*, quand elle est garnie de tous ses cercles ou cerceaux, ainsi que de ses barres et de leurs chevilles.

Nous allons expliquer la façon de placer un des cercles, ce qui suffira, puisque c'est la même manœuvre qui se répète pour tous les autres.

Le tonnelier, pour relier un tonneau, prend un cercle et le présente sur le tonneau à l'endroit où il veut le placer. Voici comment il donne au cercle la longueur qu'il doit avoir pour serrer la partie où il sera mis. Il tient d'une main une extrémité de son cercle et de l'autre main l'autre extrémité du cercle, mais environ aux trois-quarts de sa longueur. La première main appuie l'extrémité du cercle contre une douve, à un endroit qu'il remarque. Pendant ce temps-là, la partie majeure du cercle est élevée en l'air. Il fait, avec son autre main, porter successivement chaque partie du cercle contre le tonneau, sans que sa première main quitte sa place ; seulement, quand la majeure partie du cercle porte contre le tonneau, cette

main élève la première portion du cercle et la porte
un peu en haut, et il promène ainsi chaque partie du
cercle sur chaque partie du tonneau à l'endroit où il
doit être mis. Il remarque l'endroit du cercle qui répond à la première partie où a été placée l'extrémité
de son cercle, et il fait rejoindre avec ses deux mains
cette extrémité à l'endroit marqué. Il laisse une portion du cercle pour déborder cette première, et il retranche le reste du cercle qui deviendrait inutile. Il
est sûr, avec ces précautions, de donner au cercle le
diamètre de la partie du tonneau sur laquelle il a dessein de le poser. Pour lui donner ce qu'on appelle de
la *serre*, il fait rentrer un peu l'extrémité du cercle en
dedans, et retient d'une main les deux parties qui se
recouvrent l'une sur l'autre et qui tendraient par leur
ressort à reprendre la ligne droite. Il exécute alors,
sur le tranchant du cercle (fig. CXLIII), deux entailles

Fig. CXLIII.

avec la Cochoire à une certaine distance des extrémités du cercle ; puis, enlevant le bois qui se trouve

entre chaque entaille, il forme ce qu'il appelle une *coche*. En exécutant cette opération, il retient toujours son cercle dans la même position, et l'y fixe avec de l'osier, en procédant comme nous allons l'exposer. Les coches, ou *encoches*, dont nous venons de parler, et qui sont au nombre de deux, une à chaque bout du cercle, servent à retenir celui-ci, au moyen de l'osier qui les remplit, afin qu'il ne puisse acquérir un diamètre plus grand que celui qu'on a voulu lui donner.

Après avoir réuni les deux extrémités du cercle, et placé l'une sur l'autre les deux entailles pour que l'ouverture du cercle ait la dimension du tonneau à l'endroit où il désire le placer, l'ouvrier approche l'une sur l'autre les deux entailles, et, retenant le cercle d'une main, il prend de l'autre deux brins d'osier; il en casse le bois vers une de leurs extrémités, et ne laisse que l'écorce pour diminuer l'épaisseur seulement dans cette partie de l'osier. Il passe alors ces extrémités moins épaisses entre les parties du cercle qui se recouvrent et fait plusieurs tours sur le cercle pour bien les assujettir. Il continue ainsi d'entourer d'osier et de lier ensemble les deux extrémités du cercle. Enfin, il garnit d'osier les entailles et il termine en passant les bouts de l'osier sous le dernier tour qu'il vient de faire; il serre les brins et, par cette espèce de nœud, arrête son osier. Il coupe ce qui déborde en le faisant porter sur le jable de son tonneau et frappant dessus avec la Cochoire, ou bien il le coupe avec une serpette. Il arrive souvent qu'un des brins de son osier est plus court que l'autre. Dans ce cas, il supplée à celui qui manque de longueur par un nouveau brin, qu'il maintient par un nœud semblable à celui que nous venons de décrire.

Indépendamment de ce lien, il arrive souvent que le tonnelier lie encore son cercle à deux autres endroits différents, l'un très-près des extrémités, et l'autre entre ce dernier lien et le premier, sous lequel se trouvent les coches dont nous venons de parler.

Le cercle étant lié, il s'agit de le mettre en place. Le tonnelier doit faire en sorte de le poser de manière que les encoches soient en dessus et la ligature principale du côté où doit être le bondon. Il se sert, pour mettre ces cercles en place, de la Tire-à-cercles ou Tiretoir (fig. LVI).

Après avoir placé la moitié de la circonférence du cercle sur les douves, il saisit, avec le crochet de fer du Tiretoir, la partie opposée du cercle, puis, appuyant sur le dehors du tonneau le bout aplati du Tiretoir, et pesant sur le levier qui sert de manche à l'outil, il amène à lui le cerceau et fait prendre au cercle le contour de la pièce. En même temps, il appuie le genou sur le cercle pour l'empêcher de *revenir*, c'est-à-dire de remonter d'un côté; puis, à l'aide du Serre-Joint (fig. XII), sur le crochet mobile duquel il donne quelques coups de maillet, il force les douves à se rapprocher, ce qui facilite l'entrée du cercle. Il n'a plus alors qu'à enfoncer ou chasser ce dernier avec le maillet. Il est à remarquer que l'emploi du Serre-joint n'est réellement nécessaire que pour mettre en place les cercles de tête.

Pour faire entrer les cercles plus aisément et pou-

voir les frapper sans risquer de les endommager, le
tonnelier se sert du Chassoir (fig. LV). Il tient cet outil de la main gauche, le pose sur le cercle qu'il veut
faire entrer, et le frappe à coups redoublés (fig. CXLIV),

Fig. CXLIV.

en ayant soin de le promener sur tout le pourtour
du cercle, qui est de la sorte contraint à descendre
jusqu'à l'endroit du tonneau où il doit être posé. On
a encore l'attention, pour rendre le bois moins cou-
lant, ou plutôt pour absorber l'humidité et pour que
le cercle, une fois enfoncé d'un côté, ne revienne
pas, lorsqu'on le frappe sur le côté opposé, au point
où l'on a d'abord frappé, de le frotter intérieurement
avec de la craie, ainsi que l'endroit du tonneau où
il doit être placé.

On retient les petits cerceaux que l'on destine aux
petits barils sans se servir d'osier. Cette manœuvre
plus expéditive consiste à pratiquer sur la largeur de

ces cercles deux petites entailles (fig. CXLV) à chacune de leurs extrémités : la pre-
mière sur l'une des épaisseurs
du cercle, la seconde sur l'autre.
En faisant entrer ces deux en-

Fig. CXLV.

tailles l'une dans l'autre, et plaçant les deux bouts
du cerceau en dedans, on forme une espèce de nœud
qui acquiert d'autant plus de solidité que l'on a eu
plus de peine à faire entrer le cerceau sur les douves
qui forment le baril.

Quelquefois, quand il s'agit de retenir des douves
pour former un vaisseau auquel on ne veut pas prê-
ter grande attention et mettre beaucoup de propreté,
on se contente de passer les deux bouts du cercle l'un
sur l'autre sans pratiquer d'entaille : la pression empêche les deux bouts de se séparer quand on vient à les
mettre en place.

Nous avons dit que celui qui achète des tonneaux
neufs exige que, quelques mois après les avoir rem-
plis, le tonnelier vienne le barrer. Il exige aussi qu'il
y place les *sommiers.*

On donne le nom de *sommier* à un cercle formé
de deux cercles ordinaires, posés l'un dans l'autre, et
ensuite réunis par une ligature commune. Il y en a
deux, un à chaque extrémité du tonneau, à la hauteur
des traits du jable, et en dehors. *Sommager*, c'est les
mettre en place.

Les sommiers ont nécessairement plus de force et
d'épaisseur que les autres. Comme ils portent à terre
quand on roule la futaille, ils épargnent à ces derniers et aux jables les chocs et les frottements qui

pourraient les endommager. De plus, ils servent de points d'appui aux chevilles de la barre.

SEPTIÈME SECTION.

RELIAGE.

Les cercles pourrissent plus promptement que les douves dans les caves et les celliers où l'on dépose les tonneaux. Aussi, est-on obligé de veiller à l'entretien des cercles pour ne point perdre le vin que renferment les tonneaux. Les pièces, dans quelques caves humides et qui ont peu d'air, se gâtent et se perdent plus promptement que dans d'autres; celles-là exigent plus d'attention. Dans l'un et l'autre cas, le tonnelier est appelé à garnir le tonneau de nouveaux cercles : c'est ce qu'on appelle *Relier,* et l'on donne à l'opération le nom de RELIAGE.

Si l'on craint encore qu'en remuant une pièce qui renferme du vin ou en tirant le vin qu'elle contient, les derniers cercles de la pièce ne viennent à manquer, ce qui entraînerait la perte de la liqueur contenue dans le tonneau, on en prévient le tonnelier qui, après avoir visité le tonneau, y adapte un ou plusieurs Cercles de sûreté, et le met ainsi en état d'être remué ou d'en tirer le vin. On peut ensuite, si les douves sont encore bonnes, faire relier la pièce et y mettre de nouveau vin, ou bien y remettre le même, si l'on ne veut pas le mettre en bouteilles.

Quand on n'a point de Cercles de sûreté (fig. LXVII), on y supplée par une corde dont on entoure le tonneau et qu'on serre avec un garrot.

HUITIÈME SECTION.

RÉPARATIONS DIVERSES.

Quelquefois, on s'aperçoit qu'une des douves d'une futaille laisse échapper le vin. Dans ce cas, on adapte au tonneau un Cercle de sûreté ou une corde, comme on vient de le voir, après quoi on transvase le vin dans une autre pièce, et le tonnelier substitue une nouvelle douve à celle qui est défectueuse.

Quelques tonneliers se sont proposé, comme chose remarquable, de changer une douve d'une pièce pleine de vin sans qu'il s'en perdît. Le mérite de ce problème réside dans la difficulté de l'exécution; mais cette opération n'a pas toute l'importance qu'elle aurait, s'il n'était pas toujours possible, dans le cas prévu, de soutirer le vin dans une autre pièce, ce qui donne la facilité de réparer aisément la partie défectueuse de celle qu'on a vidée.

Dans l'exécution de ce tour de force ou de cette preuve d'adresse, il se perd toujours un peu de liqueur quand la pièce est bien pleine; mais le peu de temps que l'on emploie à mettre en place la douve que l'on a apprêtée, le coup-d'œil précis de celui qui l'ajuste, contribue à remplir plus ou moins bien les conditions et les difficultés du problème.

Nous ne parlerons pas ici de certaines pratiques que les tonneliers emploient pour cacher leurs fraudes, comme de mettre à une douve une pièce assez adroitement pour que l'œil ne puisse la distinguer, de boucher les fentes ou d'empêcher qu'on aperçoive les défauts d'une douve avec du mastic, etc., de boucher des trous de vers avec des épines. Si ces trous se trouvent avoir été cachés sous des cercles et que le vin se perde par cette ouverture, l'acheteur peut intenter procès au tonnelier qui est condamné à payer les dommages qu'il a occasionnés par une négligence qu'il est impossible de reconnaître. Si le tonnelier a négligé de boucher les trous à d'autres endroits visibles, c'est à l'acquéreur à y remédier.

Le tonnelier ajuste souvent et retient une partie d'une douve sous les cercles pour rétablir une douve *épeignée*, c'est-à-dire cassée dans le jable. La partie que l'on ajoute à cette douve pour la rétablir se nomme *peigne*.

Comme le jable est toujours la partie la plus faible d'une futaille, la rainure que l'on y a pratiquée étant prise sur la moitié de l'épaisseur des douves, et que d'ailleurs il est souvent exposé à de très-grands chocs, il arrive qu'une douve se rompt très-fréquemment dans cet endroit. Aussi, est-il permis au tonnelier d'y remédier. Nous allons indiquer les moyens qu'on a coutume d'employer pour réparer ce dommage.

Pour mettre un peigne à une douve rompue dans le jable, le tonnelier commence par enlever les cercles qui portent sur le jable, après quoi il choisit une partie d'une bonne douve de la même largeur que celle qu'il veut rétablir. Si cette partie est plus large, il la réduit à une largeur convenable sur la Selle à tailler et sur la Colombe. Il faut que cette portion de douve n'ait que la hauteur de la partie du jable qu'on veut rétablir, et de plus environ 6 à 8 centimètres qui doivent servir, comme on va le voir, de recouvrement. La douve rompue est coupée uniment dans le jable. On se sert, pour la couper, d'une petite scie à main, dite *passe-partout* ou *scie de jardinier*. On enlève ensuite, dans l'étendue de 6 à 8 centimètres, une partie de l'épaisseur de la douve, en y formant une espèce de biseau, de façon que la partie la plus mince soit à l'extrémité de la douve rompue qui se termine au jable.

L'ouvrier présente sur cette douve la partie de celle qu'il veut y substituer. Pour s'assurer si cette partie à ajouter est bien exactement de la même largeur que la portion de la douve rompue taillée en biseau, il ne laisse aussi à celle-ci que 6 à 8 centimètres de plus que la hauteur du jable : il forme le biseau qui doit se trouver en dedans à l'extrémité de la douve, et qui doit se rapporter avec celui qui est déjà formé sur la circonférence intérieure du jable. Enfin, il diminue l'épaisseur de cette partie de douve, et en forme un biseau qu'il pose sur le biseau fait à la douve cassée, ce qui fait que la partie amincie de la pièce rapportée, qu'on nomme le *peigne*, se trouve située à la naissance du biseau de la douve cassée. Au moyen de cette disposition, le peigne et la douve épeignée ne forment pas plus d'épaisseur qu'une douve ordinaire. La douve rompue étant coupée uniment à l'endroit où commence à paraître le peigne qu'on y a substitué, forme le jable ou la rainure dans laquelle entre le fond.

On peut aisément mettre un peigne à une douve sans défoncer la pièce et même sans la vider, quand

Tonnelier.   13

l'accident arrive lorsque la pièce est pleine : les cercles que l'on pose sur la partie assemblée retiennent
le peigne en place, et une douve épeignée devient
presque aussi bonne qu'une entière.

Si la douve se cassait plus bas que le jable, il faudrait nécessairement lui en substituer une entière ;
car il est rare qu'un peigne soit suffisant pour réparer ce défaut.

Souvent, il faut encore avoir recours à des expé-
dients pour arrêter la liqueur qui transsude d'une
pièce, ce qui a lieu quand les douves ou les planches du fond ne joignent pas exactement. Pour remédier à ce défaut, le tonnelier enfonce dans les
fentes, au moyen de l'Étanchoir (fig. LX), soit de la
charpie de fil, soit, ce qui vaut mieux, des morceaux
de la tige spongieuse de cette plante herbacée qu'on
appelle vulgairement *Jonc des chaisiers* ou *Jonc des
tonneliers*, et qui est la *Scirpe des lacs* des botanistes.
Il enduit ensuite les fentes de graisse. Quelquefois,
il se sert, pour le même objet, d'une espèce de mastic
formé avec des feuilles d'orme et de la graisse de
mouton pilées ensemble, ou de simple sciure de chêne
par-dessus laquelle il passe un peu de suif ou de
graisse.

Les maîtres tonneliers, pour marquer leurs pièces,
ont une empreinte en fer qu'ils font chauffer et qu'ils
impriment à chaud. D'autres inscrivent leurs noms
avec des cuivres découpés, sur lesquels ils passent
avec un pinceau une couche de noir de fumée dé-
layé dans l'huile ou dans la graisse ; d'autres, enfin,
se servent tout simplement d'une Rouanne (fig. LXV).

Avec ce seul instrument ils peuvent faire les lettres de l'alphabet, les chiffres et toutes sortes de dessins, en employant les deux parties recourbées pour faire les parties courbes et la rainette pour tracer les lignes droites.

CHAPITRE II.

Fabrication des Cuves, Foudres et autres objets de tonnellerie.

—

PREMIÈRE SECTION.

CUVES ET FOUDRES.

La fabrication des cuves et des foudres est soumise aux mêmes règles et se fait par les mêmes procédés que celle des futailles ordinaires. Elle ne diffère de cette dernière que par les soins particuliers qu'exigent les dimensions, souvent énormes, des vaisseaux qu'il s'agit de construire.

§ 1. CUVES.

Pour les *petites cuves*, on prend du merrain de différentes dimensions, suivant la grandeur que l'on veut donner au vaisseau, et on le dresse ainsi que nous avons dit en parlant des tonneaux; mais, comme la forme de la cuve approche un peu de celle d'un baquet qui serait produit par un grand tonneau coupé sur le bouge, on ne diminue les douves de largeur qu'à une seule de leurs extrémités, c'est-à-dire à celle qui doit former la partie inférieure de la cuve. Ensuite, on fait le clain comme à l'ordinaire; puis on creuse un peu la planche dans la partie qui doit se trouver à l'intérieur et l'on rend convexe la face qui doit se trouver à l'extérieur (fig. CXLVI).

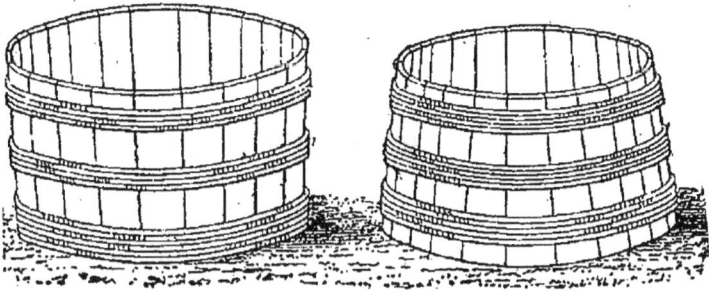

Fig. CXLVI.   Fig. CXLVII.

Pour bâtir les *grandes cuves*, on emploie du bois de sciage : c'est un chêne refendu à la scie et nommé *gobillard* dans certaines forêts. Les planches ont de 11 à 16 centimètres de largeur sur 20 à 25 millimètres d'épaisseur; elles servent à faire des cuves qui contiennent depuis quatre tonneaux jusqu'à quarante. Mais alors, au lieu que la partie la plus resserrée se trouve près du fond, comme aux tonneaux, on fait à certaines cuves la partie du jable plus large que le haut de la cuve, ce qui s'appelle une *cuve en linette* (fig. CXLVII). Cette disposition procure un grand avantage. En effet, le bois de la cuve venant à sécher, les cercles ne coulent point et l'on peut les rebattre, la cuve restant en place, sans être obligé de la renverser pour les serrer.

La pratique pour faire les cuves est la même que nous avons décrite pour les futailles ordinaires. Le tonnelier prend la mesure des cercles sur la circonférence de la cuve avec des osiers qu'il lie les uns au bout des autres, et il la rapporte sur le cercle ; mais comme, à cause de ses grandes dimensions, il ne peut assujettir ce dernier avec la main pour le *cocher*, c'est-à-dire pour y pratiquer les coches ou encoches, il en passe les deux extrémités dans une entaille faite dans un morceau de bois ; puis, après l'avoir entaillé, il le lie avec de l'osier.

Souvent, on goujonne les douves entre elles, soit avec du bois, soit avec des clavettes en fer ; comme nous l'avons dit plus haut, ces goujons donnent plus de solidité à la cuve.

Dans certaines provinces on fait les *cuves carrées* (fig. CXLVIII). Dans ce cas, pour serrer les douves, on

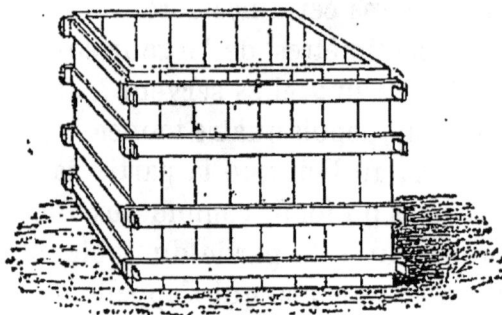

Fig. CXLVIII.

se sert de moises et de coins, au lieu de cercles. Les cuves ainsi faites sont moins sujettes à réparation que les cuves ordinaires, c'est-à-dire cylindriques, reliées avec des cercles et de l'osier. Quelquefois cependant, on retient ces dernières avec des traverses et des moises au lieu de cercles ; mais alors on cintre

entièrement les traverses, de manière à ce qu'elles em-
brassent et serrent toutes les planches (fig. CXLIX).

Fig. CXLIX.   Fig. CL.

Ces planches sont taillées comme nous le dirons plus
loin.

Quand les douves forment une portion régulière
de cercle, le tonnelier les arrange, et frappe sur la
dernière pour faire serrer les autres et les retenir
toutes.

On a quelquefois besoin du Bâtissoir pour faire revenir les douves du côté où la cuve est plus étroite;
on emploie alors le Bâtissoir à cuves (fig. LII, LIII).

Pour former le jable qui doit retenir le fond de la
cuve, le tonnelier est obligé d'assujettir sa cuve sur
le côté; il prend le Jabloir à cuves (fig. XXXII). Cet
outil doit faire une rainure qui ait une profondeur
proportionnée à l'épaisseur des planches et 6 à 7 millimètres de largeur; aussi le fer produit-il ici le
même effet que le Bouvet que le menuisier emploie
pour faire des rainures. Il diffère surtout de ce dernier en ce qu'il tient à une pièce de bois par le moyen
de deux tringles sur lesquelles il peut avancer ou reculer. C'est ce qui règle, comme fait le Trusquin du
menuisier, la distance à laquelle on veut placer la
rainure ou jable. Autrefois, on donnait souvent à
cette rainure une forme triangulaire ou à peu près
(fig. CL); mais, aujourd'hui, on la fait de la même

largeur au fond qu'à l'ouverture, l'expérience ayant
appris que cette disposition augmente énormément
la solidité de la futaille. En effet, dans le premier
système (fig. CLI), la planche *b* était si faiblement en-

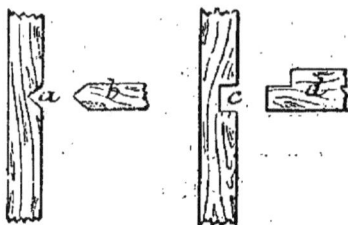

Fig. CLI.   Fig. CLII.

gagée dans la rainure *a*, que la poussée du liquide
pouvait aisément l'en faire sortir, tandis que, dans le
second (fig. CLII), cette même planche *d* entre dans
son jable *c* d'une manière si parfaite, qu'au lieu de
tendre à s'en échapper par suite de la pression intérieure, elle s'y maintient, au contraire, avec une force
plus grande, qu'augmente encore la forme qu'on lui
a donnée.

Les douves étant jablées, le tonnelier s'occupe de
former le fond de sa cuve. Pour cela, il choisit des
planches fortes et bien saines, qu'il dresse avec soin,
et dont il unit les épaisseurs de façon que chacune
d'elles porte exactement, dans toute sa longueur, sur
celle qui l'avoisine. Ensuite, il les dispose, sur un
terrain bien plan, en ayant soin qu'elles se touchent
le plus parfaitement possible, et il les maintient en
place au moyen de piquets qu'il enfonce dans la
terre, tout autour, souvent même en les goujonnant.

Mesurant alors la circonférence de la cuve, à l'endroit du jable, il prend le sixième du nombre obtenu, et avec une ouverture du grand Compas ou Compas à tracer (fig. XLVII) égale à ce sixième, il trace, sur les planches assemblées, un cercle qui marquera la limite du fond. Quelques ouvriers tracent deux cercles concentriques. On scie les planches suivant le plus grand de ces cercles, en ménageant ce qu'on appelle le *trait*. Quant au petit, il sert à faire le biseau plus régulièrement. Ce biseau doit être pratiqué sur toutes les planches du fond; car c'est par ce moyen que le fond entrera dans le jable. Nous avons dit ailleurs, qu'au lieu du Compas à tracer, on préfère généralement se servir du grand Trusquin ou Compas à verge (fig. XLVIII).

Pour faire entrer le fond dans le jable on a recours à la Tire à barrer (fig. LVII). Ainsi que nous l'avons dit en parlant de l'outillage, cette Tire est plus forte que celle des tonneaux, et, avec elle, on procède à la pose des planches du fond, de la même manière que pour les simples futailles.

On pratique intérieurement sur le bout des planches de la cuve, et par le haut, une *feuillure* ou entaille à mi-bois, d'environ un centimètre et demi de profondeur, afin de pouvoir, au besoin, mettre un fond supérieur, ou un couvercle à la cuve. On dispose ce second fond tout prêt à pouvoir être placé quand on le jugera à propos. Il est formé de plusieurs planches dressées principalement sur leur champ; on les taille sur les dimensions de l'ouverture de la cuve, et on les conserve pour pouvoir *foncer* celle-ci, quand on veut conserver du vin à clair pendant quelque temps, sans l'extraire de la cuve. On fait alors entrer à force de la mousse entre les planches, et on les recouvre de terre grasse, couverte elle-même d'un lit de sable de cinq, huit ou onze centimètres d'épaisseur.

Les cuves de très-grandes dimensions sont ordinairement cerclées de barres de fer qui se resserrent avec des écrous ou des clavettes. Elles durent plus longtemps que celles qui sont cerclées de bois; mais il arrive quelquefois que ces cercles viennent à se rompre; et comme il y en a fort peu sur une cuve, la rupture d'un seul peut entraîner la perte de tout le vin.

§ 2. FOUDRES.

Le chêne est le meilleur bois pour les foudres. Cependant, on emploie souvent le frêne, surtout quand il s'agit de pièces destinées à renfermer de l'eau-de-vie. Le châtaignier et le cerisier sont aussi d'un bon usage; mais le premier donne trop de perte, parce qu'il est généralement rempli de parties gâtées qu'il faut faire disparaître, et le second est rarement de fil.

Après avoir choisi son bois, l'ouvrier s'occupe de la préparation de ses douves. Pour effectuer le blanchissage, qui est la première, il partage chaque planche, dans le sens de la longueur, en trois parties égales, qu'il travaille séparément. Cette division a pour objet d'épargner le bois aux deux parties extrêmes, ou *têtes*, lesquelles doivent être droites, tandis que la partie médiane, qui est celle du bouge, peut être indifféremment droite, concave ou même gauche.

Après avoir blanchi les douves, l'ouvrier les dégrossit, soit avec la Colombe, soit, ce qui est plus expéditif pour les grosses pièces, au moyen d'une grande Varlope, appelée *galère*. En même temps, il a soin de leur donner exactement la courbure qu'elles doivent avoir, et de travailler leurs côtés de manière qu'elles puissent joindre parfaitement entre elles. Il s'assure qu'elles remplissent ces deux conditions en les comparant avec le calibre.

Les douves terminées, on en forme quatre groupes égaux ou *quartiers*, que l'on compose de façon que les plus courtes se trouvent à la bonde et en bas, et les plus longues sur les flancs : cette disposition empêche de perdre du bois au rognage. Les quartiers étant formés, on numérote les pièces qui les composent, puis on procède au montage de la futaille.

Pour monter un grand foudre, on commence par la première douve de chaque quartier, et on la fixe solidement en place au moyen d'une presse qui l'empêche de quitter le cercle. On continue l'opération en prenant les autres douves d'après leur ordre numérique, et, quand on les a toutes employées, on pose tous les cercles nécessaires pour consolider la construction.

Le rognage, qui vient après, est destiné, comme nous l'avons dit ailleurs, à uniformiser la longueur des douves, pour que leurs extrémités forment un cercle aussi régulier que possible. Afin de n'enlever que le bois strictement nécessaire, on trace, à partir du bouge, et de chaque côté, une série de points qui, réunis au moyen d'une ligne, servent de guide à l'ouvrier pour diriger son outil.

C'est après avoir rogné le foudre, qu'on en fait le jable, ou la rainure dans laquelle doit entrer le fond. On établit ce dernier de la même manière que nous l'avons dit en parlant des cuves, en ayant soin que les joints de ses différentes parties portent bien dans toute la longueur.

La *fonçure* terminée, c'est-à-dire les fonds ajustés, on enlève les cercles d'en haut et ceux d'en bas, afin d'unir au Rabot les portions qu'ils recouvrent; en même temps, on bouche les trous des vers, si l'on en découvre, et l'on masque les autres défauts que le bois peut présenter. Il ne reste plus alors qu'à remettre les cercles en place, mais avec la précaution de serrer ceux d'en bas les premiers.

Quand un foudre est achevé, il est très-rare, surtout s'il a de grandes dimensions, qu'on puisse le transporter et l'introduire dans la cave où il doit servir, sans être obligé de le démonter. Le démontage ne présente aucune difficulté. Il faut seulement, pour éviter les accidents, caler le foudre à droite et à gauche, et, pour en faciliter le remontage, numéroter toutes les pièces. Cette dernière opération peut se faire de deux manières, suivant que le foudre est neuf ou vieux. En effet, dans le premier cas, on monte le fût tout droit, sauf à le renverser après l'opération, tandis que, dans le second, on le monte couché. On suit également ce dernier système pour les foudres de très-grandes dimensions, tels que ceux de 300 à 400 hectolitres.

§ 3.   PRODUITS DIVERS DE LA TONNELLERIE.

Pour la fabrication des vaisseaux autres que les futailles de toutes dimensions, le tonnelier emploie à peu près les mêmes moyens qui viennent d'être exposés. Nous nous bornerons donc à faire remarquer que la forme de ces vaisseaux dépend toujours de celle qu'il donne à chaque douve, et que la forme des douves elles-mêmes dépend nécessairement de la manière dont elles sont taillées. Ainsi, le vaisseau varie plus ou moins de forme :

1° Suivant que l'ouvrier diminue la largeur des extrémités du merrain en laissant celle du milieu intacte;

2° Qu'il diminue l'une des extrémités et ne touche pas l'autre;

3° Qu'il bombe plus ou moins l'une des faces de chaque douve;

4° Qu'il donne au clain une inclinaison plus ou moins considérable. La figure des baignoires, brocs, seaux, etc., provient de l'une ou de l'autre de ces causes.

1. Baignoires.

Les baignoires ont souvent la forme d'une ellipse allongée, dont les côtés sont aplatis. En général, on en trace le trait ou le plan sur le terrain.

Pour tailler les douves, on emploie un calibre ou

crochet, qui porte deux courbes. L'une de ces courbes, qui est très-peu prononcée, est destinée à donner la forme aux douves qui doivent être posées sur les longs côtés, tandis que l'autre, dont la courbure est très-forte, sert à travailler les douves des extrémités.

Quand le tonnelier a terminé ses douves, il lie deux cercles, et leur fait prendre, en les pressant avec la main, à peu près la forme que doit avoir la baignoire. Il y place ensuite les douves, d'après le rang qu'il leur a assigné d'avance, et en faisant porter leur extrémité inférieure sur le trait tracé sur le terrain.

Pour faire la fonçure, l'ouvrier dispose sur le sol les pièces nécessaires, en ayant soin de les joindre avec des chevilles ou des goujons. Posant ensuite la baignoire sur cette espèce de plancher, il tire, sur ce dernier, tout contre les douves, deux lignes qui font le tour de la baignoire, l'une à l'intérieur et l'autre à l'extérieur.

Enfin, entre ces lignes et au milieu de l'intervalle qui les sépare, il en trace une troisième, d'après laquelle il scie le fond. Il termine ensuite sa baignoire comme s'il s'agissait d'une futaille ordinaire.

Pour faire le trait d'une baignoire, tirez une droite A B (fig. CLIII), sur laquelle vous élèverez, en un point quelconque E, une perpendiculaire C D. Divisant alors la longueur de la baignoire à bâtir en quatre parties égales, transportez ces quatre mesures sur C D, trois au-dessus du point E et une au-dessous. Cela fait, de ce point E comme centre, et avec une ouverture de compas égale à ED, décrivez la demi-circonférence

FDF'. Prenez ensuite la moitié de ED et, du point C comme centre, décrivez la demi-circonférence HGH'. Cela fait, cherchez, sur AB un point B tel, qu'une cir-

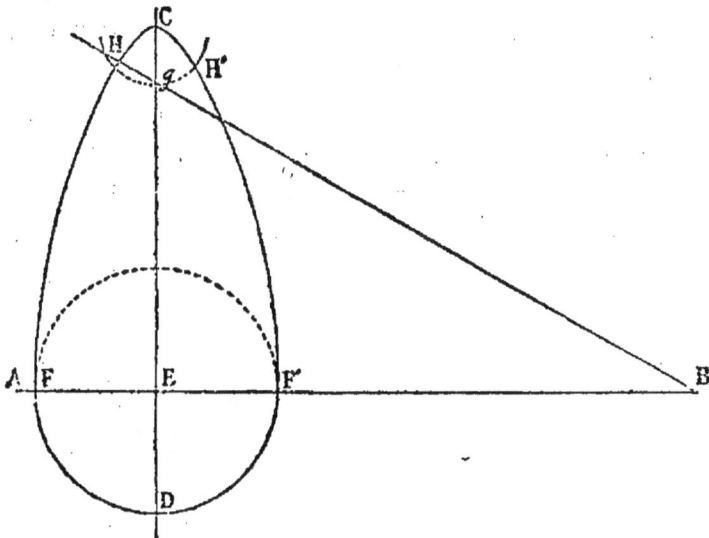

Fig. CLIII.

conférence tracée de ce point coupe en H la circonférence HgH', et en F la circonférence FDF', et décrivez l'arc FH. Décrivez un arc semblable F'H' de l'autre côté de la même ligne AB prolongée. Enfin, joignez BgH, et, du point g, avec un rayon égal à gC, décrivez la demi-circonférence HCH'.

2. *Brocs.*

De tous les objets que fabrique le tonnelier, le broc est celui qui, en raison de sa forme, demande le plus de soins. La partie la plus renflée de ce vaisseau est

vers la base. A partir de ce renflement, le haut va en diminuant de
diamètre, puis, arrivé au collet, il
s'élargit un peu pour prendre une
forme propre à verser commodément la liqueur qu'il contient (fig.
CLIV).

Fig. CLIV.

Comme les tonneaux, le broc est
composé de plusieurs petites douel-
les (fig. CLV). Moins on donne de largeur à ces planches, et plus la courbe du vase est
régulière. Le bas de chaque douve
doit donc être plus large que son extrémité supérieure, et l'angle que l'on
remarque en examinant l'épaisseur
des douves taillées, au lieu de se trouver à la partie moyenne de la douel-

Fig. CLV.

le, comme cela a lieu lorsqu'il s'agit des douves des
tonneaux, doit ici être placé vers la base de la planche, parce que, comme nous venons de le dire, le
broc doit être plus renflé vers cette partie. Pour former cet angle, les tonneliers n'ont aucune mesure.
Le coup-d'œil leur suffit, et ils le tracent cependant
assez régulièrement, ainsi que le biseau du clain qui
doit se trouver sur l'épaisseur des douves, pour
qu'elles puissent toutes se toucher et prendre la
courbe qu'elles doivent donner au broc.

Les douves sont toutes bombées sur leur surface
extérieure. Intérieurement, le tonnelier a enlevé une
partie de leur épaisseur dans la portion qui doit faire
la partie la plus renflée du broc, pour donner à ce

dernier une plus grande capacité, et pour faciliter la courbe que chaque douve doit prendre lorsqu'elle sera maintenue par les cercles.

Pour retenir les douves et monter le broc, le tonnelier les arrange et les pose à côté les unes des autres de façon que leurs extrémités inférieures, celles qui, étant plus larges, doivent devenir la base du broc, se touchent ; il les maintient toutes avec un ou deux cercles. Quand une douve est trop large, ou qu'au contraire il la croit trop étroite, il la diminue ou bien il la remplace par une plus large. Les extrémités étroites des douves ainsi assujetties, tendent à s'écarter les unes des autres. Pour les faire revenir, l'ouvrier les place dans un chaudron rempli d'eau et les y laisse bouillir pendant quelque temps pour attendrir le bois. Il peut alors, en se servant du Bâtissoir, réunir ces extrémités écartées, et il les maintient par un second cercle, qu'il a lié comme le premier avec de l'osier, et qui est d'une grandeur convenable.

Pour resserrer encore les cercles, il se sert de petits coins de bois, qu'il fait entrer à force entre les douves et le cercle, et il les laisse dans cet état pendant plusieurs jours.

Il ne s'agit plus alors que de faire le jable qui doit retenir le fond, et de substituer aux cercles de bois des cercles de tôle, maintenus par des clous. On ajoute encore à l'ouverture du broc une plaque de tôle ou de cuivre recourbée, qu'on nomme *bec*, et qui sert de gouttière et de conduite à la liqueur quand on veut verser dans un autre vase.

L'anse du broc est faite de tôle et de bois, ou en

fer seulement. Elle est simplement clouée, ou bien elle passe sous les cercles. Dans ce dernier cas, ses bouts sont relevés de manière à former des crochets qui s'opposent à ce que l'anse puisse quitter.

C'est une anse de bois et fer du second système que représentent les figures CLVI et CLVII. La figure CLVI est la partie en fer de l'anse, vue en perspective en dedans, c'est-à-dire du côté qui regarde le broc. La figure CLVII est la même partie en fer, mais vue par dehors, c'est-à-dire par la face, où le bois qui entre dans la compo-

Fig. CLVI. Fig. CLVII.

sition de l'anse devient visible. Voici comment on façonne cette partie en fer.

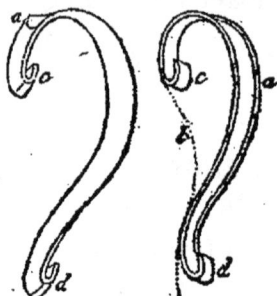

On coupe avec les cisailles une bandelette de tôle, plus ou moins épaisse, longue et large selon la force du broc dont on veut faire l'anse. On forge à froid cette bande de tôle, et dans toute sa longueur, excepté vers les extrémités, on lui donne la forme d'une gouttière. On la contourne ensuite en S, et, comme dans cette opération, la gouttière qui n'était que commencée a été déformée, on relève, en les étirant sur le coin de l'enclume, les rebords de cette gouttière, et l'on abat avec une lime les barbes qui peuvent se faire sur la tranche de ces rebords amincis par le marteau. Cette gouttière et ces rebords sont visibles en *a*, figure CLVII; dans la figure CLVI, ils sont en dessous : du côté de la partie convexe la ligne ponctuée *b* indique le contour du broc.

La partie en bois est représentée par les figures CLVIII et CLIX. On choisit, pour la faire, un bout de

Fig. CLVIII.

Fig. CLIX.

cercle bien sain, qu'on plane, qu'on arrondit d'un côté et qu'on frotte ensuite avec le papier de verre ou la prêle. Sa longueur et sa largeur sont déterminées par la capacité de la gouttière en fer. Pour rendre ce morceau de cercle très-flexible, sans risquer de le casser, on fait sur l'une de ses faces, celle qui doit être dessous, des *navrures* (fig. CLVIII). On appelle ainsi des coupures peu profondes faites avec une scie à lame épaisse ou à lame ordinaire, mais à laquelle on donne beaucoup de voie. Si l'on n'a pas de ces scies, on fait les navrures plus rapprochées, et cela revient au même. Après que le bois a été *navré*, on le met dans l'eau pour qu'il puisse se courber plus aisément; les navrures deviennent alors prismatiques, ainsi que le montre la figure CLIX. Enfin, le bois étant ainsi courbé, on l'applique dans la gouttière *a* de la figure CLVII, et on sertit avec un petit marteau les rebords sur le bois, qui, par ce moyen, se trouve enclavé et retenu solidement. Il n'y a plus alors qu'à fixer l'anse, soit à l'aide de clous, soit en faisant passer les bouts *cd* sous les cercles, puis les repliant en crochet, comme l'indiquent les figures CLVI, CLVII.

Beaucoup de brocs sont aujourd'hui cerclés et garnis en cuivre.

Il faut donc, au tonnelier qui fait des brocs, indépendamment des outils dont nous avons parlé, des Cisailles, des Poinçons pour percer le fer à froid, une petite Bigorne, des Rivoirs, des Limes et autres outils de serrurier.

3. *Bidons.*

Le bidon est encore une espèce de broc maintenu par plusieurs cercles de fer ou de cuivre. On l'emploie principalement pour distribuer le vin aux soldats et aux matelots.

4. *Bouées.*

Dans les ports de mer, le tonnelier fait ordinairement les bouées qui servent à reconnaître l'endroit où un navire a jeté l'ancre. La forme de ces flotteurs est assez variable.

La figure CLX représente une bouée conique. Le côté le plus large, c'est-à-dire la base du cône, est fermée par un fond qui entre dans un jable pratiqué dans chacune des planches qui forment la bouée, à 1 décimètre environ de leur extrémité. On met encore dans l'espace du bouge, c'est-à-dire depuis ce fond jusqu'à l'extrémité des planches qui servent à le former, de l'étoupe et du brai que l'on recouvre de grosse toile, et l'on attache sur l'extrémité

Fig. CLX.

des douves un second fond de sapin ou de tout autre
bois léger. Ce second fond sert à parer les bouées des
abordages qui pourraient endommager le premier
fond, faire prendre eau et enfoncer la bouée.

L'autre extrémité de la bouée est terminée par une
pointe aussi aiguë qu'il est possible. Elle est cependant garnie d'un fond placé dans une rainure semblable à celle de la base et faite de la même manière.
Ce fond est placé au tiers de la bouée à compter de
la pointe du cône.

Les bouées ainsi construites sont liées par plusieurs
cercles de fer qui en maintiennent les planches. Les
plus grosses en ont sept ou neuf. La bouée bien ferrée
est en outre *brayée* et recouverte de goudron.

En haut du côté de la base du cône, on pratique
une espèce d'ouverture de bondon, large de 14 millimètres, un peu plus, un peu moins, qui sert à vider
l'eau qui, par une cause quelconque, pourrait y entrer
à la longue.

La bouée, sortie des mains du tonnelier, est garnie
à bord des cordages qui servent à l'attacher à l'*orin*,
qui est un cordage dont un bout est amarré aux pattes
de l'ancre et l'autre à la bouée.

La figure CLXI montre une bouée anglaise. Elle

Fig. CLXI.

est oblongue et semble comme formée de deux cônes
réunis par leur base.

La dimension des bouées est proportionnée à la force des ancres. Une ancre de 3 ou 4,000 kilogrammes porte une bouée d'un mètre et quart de longueur sur un mètre de base. Les autres dimensions sont aussi déterminées et fournies au tonnelier lorsqu'on lui fait la commande d'une bouée.

5. *Objets divers.*

Les autres ouvrages de tonnellerie sont en assez grand nombre. Nous nous contenterons de citer les *barils à liqueurs* (fig. CLXII), *à vinaigre, à olives, à*

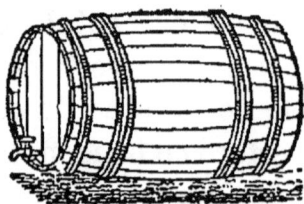

Fig. CLXII.

anchois, etc., les *seaux à puits* (fig. CLXV) et les *seaux ordinaires* (fig. CLXIV), les *tinettes* à mettre les sub-

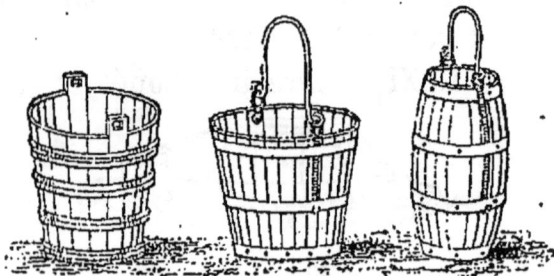

Fig. CLXIII.   Fig. CLXIV.   Fig. CLXV.

stances alimentaires pour les conserver (fig. CLXIII),

les *barattes* à battre le beurre (fig. CLXVI), les *cuviers* à laver le linge (fig. CLXVIII), les *entonnoirs* à mettre le vin dans les barriques, les *baquets à égoutter les tonneaux vides* (fig. CLXIX), les *baquets à cœur*

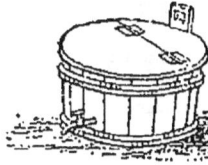

Fig. CLXVI.   Fig. CLXVII.   Fig. CLXVIII.

pour soutirer (fig. CLXX), les *baquets à coller* (fig.

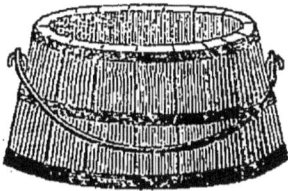

Fig. CLXIX.   Fig. CLXX.   Fig. CLXXI.

CLXXI), etc. Le tonnelier fait aussi des *fontaines* de ménage (fig. CLXVII).

CINQUIÈME PARTIE

TONNELLERIE MÉCANIQUE.

———

Depuis le commencement de ce siècle, surtout depuis 1830, une foule d'inventeurs ont entrepris de faire participer la tonnellerie aux progrès généraux des arts industriels; mais les uns se sont simplement proposé d'améliorer une ou plusieurs des opérations de la fabrication, tandis que les autres ont voulu exécuter toutes ces opérations par des moyens autres que ceux usités par leurs devanciers.

Aujourd'hui, en France, en Angleterre, aux États-Unis, etc., on se sert très-souvent de scies droites ou circulaires, diversement combinées, pour débiter les douves et leur donner les premières façons. On emploie aussi des presses, des tours, etc., pour monter et achever les futailles; mais, jusqu'à présent, on n'a eu recours à ces appareils, du moins sur une grande échelle, que pour les tonneaux d'emballage.

Pour donner une idée de ce qu'est actuellement la tonnellerie mécanique, nous allons décrire, aussi clairement que possible, quelques-uns des procédés et appareils qu'on a imaginés pour créer cette industrie.

§ 1. MACHINES DAVID.

Les machines David constituent un système complet destiné à fabriquer toute espèce de tonnellerie, telle que tonneaux, cuves, brocs, seaux, baquets, etc. Suivant le rapport du jury de l'Exposition universelle de Paris, en 1855, elles procureraient une économie de près de moitié sur le travail manuel, et d'après le brevet pris par l'inventeur, le 22 août 1853, elles fonctionnent avec une telle facilité qu'elles pourraient, sans aucune difficulté, être conduites par des ouvriers quelconques.

Les diverses fonctions que ces machines ont à remplir sont :

Le *débit* ou *fendage* des douves;
Le *rabotage* ou *dolage*;
Les *joints* des douves;
Le *montage*;
Le *rognage*, le *chanfreinage*, le *parage* et les *rainures* qui doivent recevoir les fonds;
Le *fonçage*;
Le *cerclage*.

Par ce système, non-seulement les douves sont fendues sur mailles et suivant la fibre du bois, comme doit l'être le merrain; mais, de plus, vue en bout, chaque douve, en sortant du fendage, se trouve avoir la forme circulaire nécessaire et correspondante au diamètre des tonneaux qu'on doit fabriquer : il est bien entendu qu'on doit opérer le fendage des douves d'après le diamètre des tonneaux à confectionner.

Le dolage ou rabotage des douves se fait aussi mécaniquement. Les douves faites par ce procédé ont un fini qu'aucune tonnellerie ne pourrait atteindre. En sortant de la machine, elles sont polies comme si elles sortaient des mains du meilleur ébéniste, de sorte que, quand les tonneaux dont elles font partie sont montés, ils ont une forme d'un rond parfait, et ils sont plus beaux que s'ils avaient été tournés.

Les *rives*, ou joints des douves, sont aussi faites au moyen d'une machine spéciale qui les façonne mathématiquement, sans avoir égard aux différentes largeurs que peuvent avoir les douves qui forment un tonneau. Elles sont toujours taillées à l'onglet qui convient pour correspondre à l'axe du tonneau; les douves ont aussi, sur leur longueur, la courbe nécessaire qui convient aux différents diamètres compris entre le plus petit et le plus grand des tonneaux qu'on doit établir.

On peut, par ce procédé mécanique, tout aussi bien que par celui à la main, donner aux tonneaux toutes les formes, c'est-à-dire un bouge plus ou moins considérable, et cela sans aucune difficulté ni augmentation de main-d'œuvre, attendu que cela ne dépend que de la manière de régler la machine.

Ainsi, cette machine, fixée et réglée pour un diamètre et une forme quelconques, peut, sans perdre un millimètre de bois, faire des douves de toutes les largeurs avec la certitude qu'elles conserveront toujours et dans toutes leurs parties les proportions géométriques qui sont indispensables à une bonne confection, et cela sans que la personne chargée de conduire la machine ait à s'en occuper.

Les douves, taillées comme il vient d'être dit, devront, pour former les tonneaux, être réunies ensemble.

Tonnelier. 14

Pour effectuer ce travail, on emploie un instrument appelé *machine à monter*.

Une fois les tonneaux montés, on les soumet à la *machine à jabler*. Cette machine opère huit façons d'un seul coup, et avec une telle précision qu'il serait impossible d'obtenir à la main un travail aussi parfait, savoir :

1° Le *rognage des douves*, pour dresser et mettre le tonneau d'une longueur parfaite;

2° Le *chanfreinage* ou biseau, qu'il est d'usage de faire, et qui est d'une utilité indispensable;

3° Les *rainures* qui doivent recevoir les fonds;

4° Le *parage*.

Or, comme ces opérations se font aux deux bouts du tonneau en même temps, la machine se trouve réellement faire huit façons d'un seul coup.

La machine, étant réglée pour une grandeur, produit un travail parfait, quant à la hauteur des tonneaux.

Or, comme le montage donne aussi une mesure parfaite pour le diamètre, il en résulte que tous les tonneaux faits sur une mesure ont une contenance identiquement égale.

Les fonds peuvent aussi être faits mécaniquement; mais, pour commencer l'opération, on peut se servir d'un tour en l'air.

Nous allons maintenant décrire sommairement les divers appareils qui composent le système.

I. DÉBITAGE DES DOUVES.

Le débitage des douves peut être indistinctement effectué par quatre machines, dont trois sont décrites dans le brevet de 1853, tandis que la quatrième fait partie d'une addition du 11 décembre 1854.

1° *Machines de* 1853.

Première machine. — A. Cette machine (fig. 8 et 9, pl. I) se compose d'un tour en l'air A, monté sur un bloc de pierre B.

Sur le nez du tour est monté un tube C qui peut être fait en cuivre, en tôle de fer ou en acier, et au bord duquel une lame de scie D est fixée par des rivures.

Ce tube doit être aussi long que les douves qu'on veut obtenir.

Sur l'arbre du tour sont deux poulies E F, l'une fixe et l'autre mobile ou folle. La poulie fixe sert à imprimer le mouvemeut à la machine; elle le reçoit du moteur, et la poulie folle à l'arrêter.

Lorsqu'on veut travailler, on fait passer sur la poulie E la courroie qui, pendant le repos, se trouvait sur la poulie folle F. Quand, au contraire, on veut arrêter la machine, on fait l'inverse de cette manœuvre.

En face et parallèlement au tour est disposé un banc ou établi G, sur lequel se trouve un parallélogramme H, dont l'un des bouts entre jusque dans l'intérieur du tube C.

C'est au moyen de ce parallélogramme qu'on peut fixer à volonté l'épaisseur des douves I qu'on enlève dans le bois J.

Ainsi, en examinant les dessins, il est facile de comprendre que si l'on pose le bois J sur le banc G, et qu'on le pousse sur les dents du tube C, en l'appuyant contre le parallélogramme H, on obtiendra une levée I, et cette levée sera circulaire.

Cette levée, qui n'est rien moins qu'une douve, devra être retirée du tube avant d'en commencer une nouvelle. Ainsi l'opération devra être recommencée autant de fois qu'il se trouvera de douves dans le bois J.

D'après cette description, il est facile de reconnaître qu'il en est absolument de même que si l'on opérait avec une scie circulaire ordinaire.

Toutefois, il est à observer qu'avant de scier le bois en douves, il faut le préparer exprès, pour que chacune des douves qu'on y prendra puisse se trouver fendue sur maille, condition sans laquelle il ne peut exister de bon merrain.

Seconde machine. — Cette machine (fig. 10 et 11, pl. l) diffère entièrement de celle qui vient d'être décrite, mais elle donne les mêmes résultats, c'est-à-dire qu'elle produit des douves aussi parfaites. Seulement elle fait le sciage en long, tandis que l'autre le fait en travers. De plus, son mouvement est alternatif, tandis que celui de celle-ci est rotatif.

Sur le bâti A A se trouve fixé le bois B, dans lequel on doit débiter les douves; il s'y trouve fortement fixé au moyen des crochets *a b* et de la vis *v*. Au-dessous du bois B sont deux coulisses C C fixées au bâti A.

Dans ces coulisses glisse un châssis D D qui porte deux montures de scies *c c*. Ces montures tiennent au châssis au moyen de tourillons, sur lesquels elles s'articulent comme un nœud de compas. Des lames de scies y sont fixées. Ces lames sont cintrées sur leur largeur, de manière que, si l'on rapproche ou écarte leurs montures l'une de l'autre, elles décrivent un arc de cercle.

Au châssis D se trouve une chape *d* qui sert d'articulation par un bout à la bielle L, qui tient par l'autre bout au levier M. Au moyen de la chape *x*, le levier M reçoit son mouvement d'oscillation du moteur au moyen d'une bielle O, dont le dessin ne montre qu'une partie.

Maintenant on comprend que si l'on fait osciller le levier LM, comme l'indique la flèche double *t t*, le châssis D opérera un mouvement de va-et-vient dans les coulisses C C, et que, par conséquent, les scies qui sont fixées sur les montures *c c*, suivront ce mouvement.

On comprend également que le bois B, qui se trouve fixé entre les crochets *a b*, restera dans une parfaite immobilité. Or, les scies qui vont et viennent se rapprochent en même temps l'une de l'autre par le même mouvement, au moyen de rochets et de cliquets, de manière que chacune des lames de scie fait un trait dans le bois B, l'une à droite et l'autre à gauche, jusqu'à ce que les traits soient assez profonds pour se rencontrer, ce qui a lieu au milieu du bois B.

Alors la douve se trouve complétement séparée de la masse du bois B, et elle est prête à être dolée.

Comme les scies s'introduisent dans le bois en décrivant un arc de cercle, il en résulte que les douves sont faites, comme avec la première machine, bombées d'un côté et creuses de l'autre.

On conçoit d'après ce qui précède que les scies doivent changer d'axe chaque fois qu'il s'agit de faire des douves de diamètre différent.

Troisième machine. — Avec cette machine, comme avec les deux qui précèdent, on obtient des douves sur maille qui sont également bombées d'un côté et creuses de l'autre; mais, au lieu d'être sciées comme cela a lieu avec celles-ci, elles sont enlevées au moyen de deux séries de bouvets posées en face l'une de l'autre.

Sur un bâti ou banc A (fig. 1 et 2, pl. I) sont posées à plat deux séries de bouvets BB garnis de leurs fers.

Ces fers sont fixés aux bouvets au moyen de coins; mais ils peuvent l'être aussi avec des vis de pression ou même de toute autre manière. De plus, les côtés des bouvets, au lieu d'être plats, sont circulaires, et les fers CC empruntent la même forme, qui doit être celle de la circonférence qu'on veut donner aux tonneaux.

Trois pignons E F G sont ajustés au banc. Ils ont pour objet de faire avancer le bois H qui, à cet effet, est posé sur la crémaillère I, de manière que, lorsqu'il a parcouru toute la longueur des bouvets BB, la douve se trouve entièrement détachée, parce que les deux derniers fers des bouvets sont si rapprochés l'un de l'autre, à l'extrémité où sort le bois, que les rainures qu'ils font finissent par se joindre entre elles.

Voici comment la machine fonctionne :

La courroie de transmission étant sur la poulie motrice J, cette poulie tourne en même temps que le pignon E, qui se trouve monté sur le même arbre qu'elle. Ce pignon E engrène et met en mouvement les deux pignons F G, et ce sont ces deux pignons qui font avancer la crémaillère I, et par conséquent le bois H qui s'y trouve fixé.

Le travail du conducteur de la machine est fort simple. Cet ouvrier pose une crémaillère garnie de bois sur les règles ; ensuite il pousse cette crémaillère jusqu'à ce qu'elle s'engrène avec le pignon F qui, en tournant, l'entraîne et la fait engrener avec le pignon G, lequel est absolument du même pas et tourne du même côté que le premier ; en sorte qu'ils peuvent, sans difficulté, être engrenés en même temps avec la même crémaillère, sans aucun danger.

Au premier aperçu, il pourrait paraître inutile d'avoir deux pignons, puisqu'ils remplissent absolument les mêmes fonctions ; cependant, ils sont tous deux indispensables, et voici pourquoi.

Le premier pignon, c'est-à-dire le pignon F, engrène avec la crémaillère I, et l'entraîne ; lorsqu'il atteint le bout de la crémaillère, celle-ci, s'il était seul, resterait sans mouvement et empêcherait la suivante de pouvoir s'engager.

Au contraire, avec les deux pignons, la crémaillère se trouve en communication avec le pignon G, qui la force à avancer toujours et à dégager le premier pignon, de façon à lui permettre de recevoir un autre morceau de crémaillère qui fonctionnera de la même manière que le premier, et qui le force à avancer quand celui-là n'engrène plus ni avec le pignon F, ni avec le pignon G. Or, on comprend facilement que si le bois H avance entre les deux bouvets B B, chaque fer C enlève un copeau, de telle sorte qu'entre eux ils enlèvent assez de copeaux pour former une rainure qui s'enfonce de chaque côté du bois jusqu'au milieu. En se joignant ainsi, les deux rainures partielles opèrent donc la séparation de la douve et du morceau de bois principal H, et, comme on met successivement de nouveaux morceaux de bois à la suite les uns des autres, il en résulte qu'il en sort des bouvets autant qu'on en fait entrer et aussi longtemps que tournent les pignons F G.

2° *Machine de 1854.*

La machine de 1854 se distingue surtout par sa simplicité.

Sur le devant du bâti A (fig. 12 et 13, pl. 1) est fixé un châssis vertical B qui supporte les cylindres *a b c d e f*.

C est une table sur laquelle est posé un parallélogramme P, que l'on fixe au moyen d'un écrou, pour donner aux douves qu'on doit scier l'épaisseur convenable.

Sur la partie supérieure du bâti derrière le châssis B, se trouvent deux coussinets mobiles et articulés *x*, ayant chacun deux parties principales mn, et pouvant être avancés ou reculés au moyen des vis de rappel v, qui ont leur point d'appui dans les colliers.

Ces coussinets supportent l'arbre s, sur lequel est monté et fixé un tambour cylindrique j, qui sert de support à la scie sans fin Kk.

Sur la partie supérieure et postérieure du bâti, sont fixés des supports sur lesquels tournent le tambour P et deux poulies, l'une folle, l'autre fixe, supportées par l'arbre Z.

Un tendeur t sert à tendre la courroie R.

La scie sans fin k étant posée sur le tambour j, sur lequel elle doit s'appuyer parfaitement d'un côté, on doit la pousser sur les cylindres $a\ b\ c\ d$, jusqu'à ce qu'elle puisse prendre le cintre, pour lequel les cylindres ont été disposés.

On enveloppe la scie k de la courroie R, qui passe de là sur les tambours $e\ f$, et de là sur le tambour moteur P.

On tend cette courroie au moyen du tendeur t, qu'on fait monter, afin d'appliquer fortement la scie sur le tambour.

Si l'on fait passer la courroie R de la poulie folle sur la poulie fixe, le tambour P, fixé sur le même arbre Z, se mettra en mouvement en entraînant la courroie R. Or, cette courroie s'appliquant avec force sur la scie, elle la fera tourner avec le tambour j, et le mouvement de la scie deviendra continu.

La scie sans fin étant plus grande que le tambour j, dans son mouvement rotatif, elle s'éloigne constamment du tambour et va s'appuyer contre les cylindres.

Il se trouve un intervalle entre elle et le tambour, et c'est cet intervalle qui permet au bois et aux douves qu'on scie de passer sans être arrêtés.

Le parallélogramme P doit être fixé pour obtenir l'épaisseur voulue. De plus, le bois ZZ (fig. 13), dont on veut faire les douves, doit être disposé de manière que la maille du bois soit parallèle à la scie. Inutile d'ajouter qu'il doit aussi être de fil.

La scie étant en mouvement, on pousse le bois dessus en l'appuyant contre le parallélogramme et sur la table, et la partie sciée s'avance entre la scie et le tambour j. Le sciage se fait comme avec les scies circulaires, et on peut ainsi scier du bois de toute longueur.

Pour arrêter le mouvement de la scie, il suffit de faire passer la courroie motrice R de la poulie fixe sur la poulie folle.

Ce qui précède doit faire facilement comprendre qu'on peut scier le bois pour des cylindres de tous diamètres.

II. DOLAGE OU RABOTAGE DES DOUVES.

La machine chargée d'effectuer le dolage des douves se compose d'un bâti A B (fig. 14 et 15, pl. I), sur lequel sont montés trois rabots C D E, qui y tiennent au moyen de six tirants t t t.

Ces tirants lient les rabots au bâti au moyen de douze boulons s s s, qui servent en même temps de tourillons.

Les côtés A du bâti sont garnis chacun d'une règle

a b. L'une de ces deux règles est plate et l'autre en dos d'âne. La première, c'est-à-dire la règle *a*, sert de guide à la crémaillère F, qui porte la douve G pendant le travail.

Cette machine fonctionne de la même manière que la troisième machine à débiter de 1853, de façon que les douves, poussées par les pignons *c d e*, passent sous les trois rabots C D E, et sortent du dernier parfaitement unies.

Il est inutile de faire remarquer qu'on pourrait mettre plus ou moins de rabots à la suite les uns des autres, si on le jugeait convenable.

La disposition des tirants *t t t* fait que les rabots s'appuient d'eux-mêmes, et l'effet de ces outils est absolument le même que celui des rabots dont se servent les menuisiers et les ébénistes.

Le bois G est placé sur la crémaillère F, où il est tenu au moyen d'un crochet, et entre les rabots C D E.

Les copeaux sortent par les lumières des rabots, toujours comme cela a lieu pour les rabots ordinaires.

Les semelles, ainsi que les fers des rabots, sont creusées ou bombées, suivant que la douve doit être creuse ou bombée.

Pour les douves des fonds, les semelles des rabots sont plates et les fers droits.

Pour opérer le travail avec cette machine, il faut s'y prendre absolument comme pour la machine à débiter au moyen de bouvets; une personne doit se tenir devant la machine pour mettre les douves avant qu'elles ne soient rabotées, et une autre personne doit se tenir derrière la machine pour les recevoir quand elles sortent toutes rabotées et dolées (1).

III. JOINTAGE DES DOUVES.

La description suivante donnera une idée très-exacte de la machine à joindre les douves.

Au milieu du bâti A (fig. 3 et 4, pl. I) se trouvent deux montants B qui servent à soutenir le châssis mobile CC, sur lequel sont ajustées les poupées ou coussinets D D.

Ce sont ces coussinets qui portent les arbres $a\,a$, où sont montées les scies S S : le châssis mobile C peut monter ou descendre à volonté, c'est-à-dire suivant que les douves qu'on veut joindre doivent servir pour la confection de petits ou de grands tonneaux. C'est au moyen de la vis de rappel v et du volant H, fixé au bas de cette vis, qu'on lui fait exécuter ce mouvement d'ascension ou de descente.

Lorsqu'on a fixé le châssis mobile C et les scies S S, suivant le diamètre des tonneaux qu'on veut faire, la personne chargée de conduire la machine prend une douve i, qui doit être montée et courbée à l'avance sur le moule ou gabarit j.

On pose le gabarit et la douve sur le support x, qui tient par les deux bouts sur le bâti A; puis on ajuste les lames de scies S S, c'est-à-dire qu'on les

(1) Une meule spéciale pour l'affûtage des fers accompagne la machine; mais nous croyons pouvoir nous dispenser d'en donner la description, que l'on trouvera dans la collection des brevets expirés, tome **XXXV** (1860).

éloigne ou qu'on les rapproche l'une de l'autre, suivant que la douve qu'il s'agit de joindre est plus ou moins large. On opère cette manœuvre à l'aide du volant L, qui se trouve sur l'arbre *m*, posé à droite de la machine, sur lequel est également ajusté un engrenage *o*; une chaîne sans fin *n* engrène sur cet engrenage, ainsi que sur une roue, qui tient à une vis PQ, dont une moitié est filetée à droite et l'autre à gauche. Comme cette vis traverse les deux écrous RR, il en résulte que si on la fait tourner d'un côté ou d'un autre, les scies s'éloignent ou se rapprochent en même temps.

Les scies ayant été fixées à la distance voulue par le moyen qui vient d'être décrit, voici comment on doit conduire la machine pour bien opérer.

On prend une douve qui, comme on l'a vu, est fixée à l'avance sur un moule ; on pose le moule et la douve sur le support *x*; on pousse ensuite la douve ainsi montée sur les scies circulaires SS, et lorsque les douves ont entièrement dépassé les scies, les joints se trouvent faits des deux côtés de la douve. Ils sont mathématiquement faits, attendu que les lames de scies SS sont posées suivant le rayon du cercle des tonneaux dont le boulon *s*, où s'articule le châssis mobile C, est le centre.

La force motrice est communiquée à la machine par une courroie de transmission agissant sur une poulie fixe, qu'elle étreint. Cette poulie se trouve sur le même arbre *x* qui porte les deux tambours, embrassés par les cordes *zz*, qui font tourner les poulies *tt*, posées sur les arbres *aa*, où sont fixées les scies SS.

Tonnelier. 15

Les scies tournent avec une vitesse de 4 à 500 tours par minute, et l'on pousse la douve sur les scies, qui enlèvent en même temps et du même côté le bois qui s'y trouve de trop, de manière que lorsque l'aide, qui se trouve derrière la machine, la reçoit, elle se trouve entièrement finie. Le conducteur en met de nouvelles qui succèdent à la première, et s'il a eu soin de bien fixer les scies pour chacune, on est sûr qu'elles sont toutes parfaites et bonnes à former des tonneaux du diamètre pour lequel elles auront été fabriquées.

IV. MONTAGE DES CEINTURES DES TONNEAUX.

Quand les douves sont dolées et que leurs joints sont faits, elles sont prêtes à assembler. Pour effectuer cette partie du travail, on emploie une table tournante, composée de plusieurs plateaux liés ensemble et s'ajustant sur le même axe.

Un de ces plateaux, le plus bas, est plus large que les autres : c'est celui qui sert à supporter les douves pendant le montage.

Le second plateau est fixé au milieu de la hauteur du tonneau qu'on doit monter, et son diamètre est égal à celui du bouge intérieur de ce dernier.

Le troisième plateau est posé à la hauteur de la rainure du tonneau, et son diamètre est égal à celui que doit avoir ce dernier vers le fond.

Les trois plateaux tournent ensemble.

Pour effectuer le montage d'un tonneau, on pose une première douve debout, l'appuyant par le haut contre le petit plateau, et au milieu contre le moyen.

On dégauchit cette douve avec l'axe de la table, et
ensuite on en pose d'autres à côté les unes des autres,
jusqu'à ce que les plateaux soient entièrement garnis.
On choisit pour la dernière une douve d'une largeur
telle qu'elle couvre juste la circonférence des plateaux,
puis on met deux cercles bâtissoirs sur le tonneau, et
on les serre au moyen de quelques coups de maillet.
On retire alors le tonneau de la machine, après quoi,
au moyen d'une presse à corde, on rapproche les dou-
ves-les unes des autres par l'autre bout, où elles se
trouvent fort écartées, et l'on termine en mettant en
place deux cercles bâtissoirs, qu'on serre fortement
comme au premier. Après cette dernière opération,
le tonneau se trouve assez solide pour qu'il puisse
être jablé.

V. JABLAGE.

La machine à jabler (fig. 5, 6 et 7, pl. I) exécute
huit opérations à la fois, quatre de chaque côté du
tonneau, et avec une précision qu'il n'est pas possible d'atteindre à la main.

Elle se compose d'un bâti formé de deux montants
AA, de deux traverses BB et de deux jumelles CC.

Sur les traverses BB sont ajustés deux supports en
fonte DD qui portent des poupées bb, sur lesquelles
tournent les deux petits arbres cc. C'est à ces arbres
que sont fixés les outils d destinés à exécuter le travail. Il est à remarquer que les supports DD et les
poupées bb sont disposés de manière à pouvoir être
rapprochés suivant les besoins, c'est-à-dire suivant
la longueur du tonneau E qu'on aura à jabler.

Sur chacun des arbres qui portent les outils se trouve fixée une poulie, et les deux poulies correspondent aux tambours *e e*, qui sont montés sur un arbre, de façon qu'on puisse les rapprocher ou les éloigner à volonté, comme les poupées *b b*, ce qui doit avoir lieu dans les mêmes circonstances. Ce sont les tambours *e e* qui, recevant le mouvement du moteur, le communiquent ensuite aux arbres au moyen des poulies.

Ainsi, quand la machine est sans mouvement, bien que le moteur tourne, c'est que la courroie qui vient du moteur à la machine se trouve sur la poulie folle.

Si l'on veut faire marcher la machine, il faut faire passer la courroie qui vient du moteur sur la poulie fixe; alors les tambours tournent et font tourner les arbres correspondants au moyen des courroies.

La vitesse des arbres *c c* doit être de 400 à 500 tours par minute pour que les outils puissent bien opérer.

Le tonneau se place dans une cage M, spécialement destiné à le recevoir, et les choses sont disposées de telle sorte qu'au moment où on l'a élevé à la hauteur convenable pour que les outils puissent l'atteindre, il tourne en même temps qu'eux et ils effectuent réellement les huit opérations indiquées ci-dessus.

Ainsi, les lames des scies *d* rognent le tonneau de chaque bout, les lames *e* le chanfreinent, les lames *f* opèrent le parage, et les lames dentées *g* font les rainures dans lesquelles doivent être placés les fonds.

Pour faire monter la paroi des tonneaux de manière

que toutes ces lames puissent l'atteindre, il suffit d'agir sur un levier qui se trouve dans une position verticale, et de l'abaisser jusqu'à ce qu'il soit dans la position horizontale.

Dans cette position le tonneau se trouve à la hauteur convenable pour le travail, et, comme la cage M tourne en même temps que les outils, il en résulte que le tonneau tourne également et dans une proportion calculée pour que le travail de ces derniers soit parfait.

Enfin, comme la cage M se compose de cercles tournés ensemble, et que l'un d'eux porte une rainure qui s'ajuste sur des galets convenablement disposés, cette cage est forcée de tourner rond et régulièrement. Il résulte de ce fait que les tonneaux se trouvent coupés d'une longueur parfaite, que les rainures qui doivent recevoir les fonds, ainsi que les autres opérations, comme le chanfreinage et le parage, sont faites absolument comme si elles avaient été faites au tour.

VI. FONÇAGE.

La machine à faire les fonds (fig. 16 et 17, pl. I) est un tour en l'air spécialement établi pour cet usage.

Ce tour se compose d'un banc A porté par des patins CC et un autre support intermédiaire. Sur l'une des poupées E est ajustée une poulie H à plusieurs diamètres, c'est-à-dire de forme conique, disposition ayant pour objet de permettre de changer la vitesse, suivant que les fonds à fabriquer ont un diamètre plus ou moins grand.

L'arbre *a* porte un nez semblable à celui d'un tour ordinaire. C'est sur ce nez qu'on monte les plateaux ou mandrins *b*, qui servent à maintenir le fond pendant l'opération du tournage.

Les fonds sont maintenus contre ce mandrin au moyen d'un plateau mobile *c* que l'on presse dessus à l'aide d'une vis B montée sur la poupée F. On serre ou desserre cette vis avec un petit volant L.

Un support à chariot est placé sur le banc; il sert à porter et à guider les outils en fer *d d* qui font les chanfreins *e* du fond.

Le fond ayant été mis sur la machine, quand les chanfreins sont presque terminés, on fait sauter le bois à l'aide d'un outil en langue de carpe *i* qu'on fait mouvoir à l'aide du levier *g*.

Exposons maintenant comment la machine fonctionne. Les fonds ayant été assemblés au moyen de goujons, on les prend les uns après les autres, et on les pose sur le mandrin *b*, muni d'une pointe à son centre, de manière que, sans qu'on ait à tâtonner, on puisse les mettre convenablement en place pour être tournés.

Le mandrin est garni de trois pointes ayant toutes pour objet d'empêcher les fonds de glisser pendant le travail.

Chaque fond étant ainsi placé sur le mandrin, on l'y appuie fortement à l'aide de la vis B que commande le volant L. Ensuite on ajuste les outils *d d* à la mesure du diamètre qu'on veut avoir, et on en fait de même pour la langue de carpe.

Lorsque les lames *d d* sont posées sur les supports

h h, et que tout est bien disposé, on met la machine en mouvement en l'embrayant avec le moteur, de sorte que l'arbre *a* et le fond, qui s'y trouve fixé, tournent ensemble. Pendant ce temps, agissant sur la petite manivelle *x* montée sur la vis *m*, on fait tourner celle-ci moitié à droite, moitié à gauche, ce qui fait avancer l'un vers l'autre les deux supports portant les fers *d d*. Ces fers enlèvent des copeaux de chaque côté du fond, et, comme ils ont exactement la forme du chanfrein qu'on veut obtenir, il en résulte que, lorsqu'ils se rencontrent, le fond se trouve terminé. Toutefois, avant que cette rencontre ait lieu, on fait tomber le bois en excès au moyen de la lame à langue de carpe I qu'on fait mouvoir à l'aide du levier *g*, ainsi qu'on l'a déjà vu.

En procédant de cette manière, on obtient un fond parfait du diamètre voulu; mais il est évident qu'on ne doit faire avancer les outils l'un vers l'autre que de la quantité nécessaire pour laisser l'épaisseur voulue pour remplir la rainure du jable.

L'opération terminée, on fait tourner la manivelle *x* en sens contraire, jusqu'à ce qu'on ait ramené les deux fers *d d* à leur première position, afin de pouvoir retirer le fond fait et en mettre un autre.

VII. CERCLAGE DES TONNEAUX.

La machine à cercler, c'est-à-dire servant à entrer et poser les cercles sur les tonneaux, se compose d'un bâti A A (fig. 18 et 19, pl. I) posé sur deux fortes poutres B B, lesquelles sont placées horizontalement et parallèlement au-dessus d'une fosse où se trouve une partie du mécanisme.

Dans cette fosse ou cave, une forte chaise C est scellée dans la maçonnerie, et sur cette chaise tourne un arbre en fer D, qui porte un volant en fonte E à chacune de ses extrémités.

A chaque volant se trouve un tourillon F, auquel s'ajuste une bielle G, tenue en haut à un conducteur A. Les deux conducteurs sont fortement assemblés à une traverse en fer I au moyen de clavettes $b\,b$.

Au milieu de cette même traverse est fixé, par une clavette c, un arbre vertical F qui est placé entre les deux conducteurs, et au bout inférieur duquel se trouve ajusté un croisillon à six branches L, qui portent six battes $d\,d\,d$, retenues chacune par une goupille. Il résulte de cet ensemble de dispositions, que si l'on met une courroie sur la poulie fixe e placée sur l'arbre D, à côté de la poulie folle f, cette courroie, qui est en communication avec le moteur, fera tourner l'arbre D, ainsi que les volants qui font corps avec lui.

Or, en tournant, les volants entraînent dans leur rotation les tourillons, dont le mouvement fait monter et descendre les bielles GG, lesquelles transmettent ce même mouvement aux conducteurs AA, à la traverse I, à l'arbre vertical F, au croisillon L et aux battes $d\,d\,d$; et, à chaque tour de l'arbre D, les battes frappent sur les cercles du tonneau T et les forcent à entrer, soit ensemble, soit séparément, à la volonté de l'opérateur.

Si le tonneau était immobile, on conçoit que les

cercles n'entreraient plus après le premier coup de batte; mais, comme le tonneau tourne en même temps qu'il monte, il en résulte :

1° Que les battes ne frappent pas deux fois de suite à la même place sur le cercle.

2° Que le cercle s'enfonce sur le tonneau à chaque coup de batte.

Voici comment :

Le tonneau T repose sur un plateau tournant R, qui se trouve porté par une vis Q, à laquelle il est fortement assujetti.

Cette vis traverse un fort écrou g, fixé au-dessous du plateau au moyen de deux fortes traverses, où il se trouve incrusté et tenu de manière à ne pouvoir tourner.

Une roue à rochet o, posée horizontalement, s'ajuste avec l'écrou g au moyen d'un cliquet i, fixé au support mobile m, qui fait un mouvement à chaque tour de l'arbre D. C'est ce mouvement qui, poussant le cliquet i, fait tourner d'un cran la roue à rochet, auquel sont fixés deux montants cylindriques et en fer nn qui traversent le plateau R. Ces montants glissent juste dans deux trous pratiqués *ad hoc* dans le plateau, de telle sorte que si la roue à rochet tourne d'un côté ou d'un autre, le plateau R portant le tonneau P est forcé de suivre le même mouvement.

En effet, après une des bielles G se trouve une petite bielle, qui y tient au moyen d'un boulon en fer s, et dont le bout supérieur est lié à un levier en fer z.

Ce levier, qui est lié, d'un côté, à une des traver-

ses *n* par un boulon, porte un galet à l'autre extrémité.

Aussi, chaque fois que l'arbre D fait un tour, il
fait monter les bielles G G; en même temps, la petite bielle suit le même mouvement, et le levier *r*
se trouve soulevé.

Or, en s'élevant, le levier pousse le support mobile *m* au moyen du galet *x* qui s'appuie en roulant
sur le plan incliné *z*, au bout du support mobile *m*.
Mais, comme ce support est toujours repoussé par un
fort ressort dans le sens contraire, il en résulte qu'il
revient toujours à la même place, d'où le levier l'a-
vait éloigné.

Si donc la machine tourne continuellement, le
support mobile *m* et le cliquet *i*, qui s'y trouve
ajusté au moyen d'un tourillon, produisent un mouvement continuel de va-et-vient, et chaque mouvement du cliquet *i* fait tourner d'un cran la roue à
rochet *o*.

Il résulte de cela que, la vis tournant dans l'écrou,
elle se trouve forcée de monter et, par suite, de faire
monter le plateau et le tonneau qui se trouve dessus.

On laisse fonctionner la machine jusqu'à ce que
les cercles soient entrés à la place qu'ils doivent
occuper. On arrête alors le mouvement en faisant
passer la courroie de la poulie fixe sur la poulie folle;
on fait redescendre le plateau en faisant tourner la
vis à l'envers; on ôte le tonneau pour le retourner
de l'autre côté, afin d'y opérer le même travail et de
la même manière, et ainsi de suite pour les autres
tonneaux.

Les cercles peuvent être liés à la manière ordinaire; mais M. David a imaginé une liure métallique dont on se fera une idée exacte en examinant le dessin (fig. 20, pl. I) où elle est représentée sur champ et à plat. Pour faire cette liure, on ajuste le cercle bout à bout, les deux bouts se croisant de 20 millimètres environ, comme on le voit en *a*, puis on l'enveloppe d'une plaque de tôle à laquelle on fait prendre la forme convenable en la serrant bien en dedans. Afin d'empêcher le glissement, il faut avoir soin de recourber cette tôle à chaque extrémité, pour former deux crochets, et de faire deux crans dans le bois pour y loger ces derniers. Une fois le cercle bien serré, on y enfonce un certain nombre de clous à large tête, que l'on rive fortement du côté de la tôle, tandis que les têtes appuient sur le bois (1).

§ 2.   MACHINES DE COSTER ET LESPÈS.

Les machines de ces inventeurs ont été brevetées le 22 juillet 1854. Elles ont pour objet de confectionner les douves et les fonds de tonneaux; c'est-à-dire qu'en prenant les douves brutes du commerce ou sortant de la scierie, l'ouvrier les présente successivement sur chacune de ces machines, qui les travaillent de manière à pouvoir monter un tonneau sans l'aide d'aucun autre outil.

(1) Une *machine à marquer à chaud* fait encore partie du système. On en trouvera la description dans le volume déjà cité des *Machines et procédés*, *etc.*

La série se compose de quatre machines, savoir :

1° Une machine à *doler*, *creuser* et *joindre* les douves;

2° Une machine à *tourner l'extrémité des douves* extérieurement;

3° Un tour d'assemblage pour *jabler*, *chanfreiner* et *tourner* les tonneaux.

4° Un tour pour les *fonds* de tonneaux.

I. — Ainsi qu'on vient de le voir, la première machine a pour objet de doler, creuser et joindre les douves; en même temps, elle leur donne la forme, le biseau et le bouge qu'elles doivent avoir.

Cette machine (fig. 3 et 4, pl. II) se compose d'un banc AA, et d'un chariot glissant B. Ce chariot se meut au moyen d'une crémaillère *a*, mue elle-même par des pignons *b* et une roue *c*. Un volant C, placé sur le premier pignon, sert à faciliter et à régulariser la manœuvre.

Le merrain brut se place sur le chariot, où il est maintenu par des griffes *e e*. Une fois saisi et fixé par ces appareils, on tourne le volant, et il se trouve pris entre deux gouges, destinées à lui donner le bouge et le biseau nécessaires.

Ces gouges ou lames horizontales, en face l'une de l'autre, sont fixées sur deux arbres verticaux qui, tournant dans de longs coussinets, empêchent l'usure du métal et évitent, par suite, le jeu. Ces derniers ont un certain jeu dans leurs boîtes et s'appuient constamment, grâce aux ressorts dont ils sont munis, contre deux guides, qui sont vissés sur le chariot B. De cette façon, en changeant les guides et les gouges, on peut fabriquer des douves de toute grandeur et de toute forme.

Comme les arbres porte-gouges doivent tourner dans des coussinets pivotauts, ceux-ci sont souterrains afin de pouvoir les conduire par des arbres de couche placés, comme eux, au-dessous du sol de l'atelier.

En sortant d'entre les deux gouges, la douve se trouve prise par deux lames inclinées *h h*, qui la creusent en la rabotant intérieurement.

L'arbre D porte-lames tourne dans une glissière verticale E, jouant entre les flasques du bâti F F, et servant en même temps de troisième pied au banc.

Le galet *g* relié avec la glissière par la tête de cheval *l*, s'appuie également sur un des guides du chariot B, et fait suivre aux gouges leur mouvement vertical, selon la concavité que l'on veut obtenir.

Les lames *h* ont un rebord recourbé en forme de gouge afin de ne pas faire éclater le bois.

II. — Au sortir de la machine à doler, la douve est livrée à la machine à tourner, c'est-à-dire à celle qui doit en tourner les bouts extérieurement (fig. 5 et 6, pl. II). On la pose sur une glissière inclinée G, à laquelle est adaptée une crémaillère qui avance, à l'aide d'un pignon, sur une lame H, fixée sur le cercle H'.

Le bâti I, qui supporte la glissière, a une certaine inclinaison, de façon que le cône du tonneau se trouve immédiatement appliqué sur les douves. On peut changer cette inclinaison à volonté, selon l'exigence du cône des tonneaux et de leurs rayons. Il

suffit pour cela de remplacer le petit banc J J par un
autre plus ou moins haut, ou par un autre plus ou
moins incliné; l'on obtient ainsi toutes les grandeurs. La lame en forme de gouge est également inclinée : elle est boulonnée sur une équerre K tenant
au cercle H'.

Ce cercle tourne avec une très-grande vitesse et
reçoit le mouvement de poulies disposées pour cela;
il a son axe posé sur des paliers graisseux.

III. — Après avoir été travaillées comme il vient
d'être dit, les douves sont liées ensemble au moyen
d'un cercle, pour leur donner la forme convenable,
puis soumises à l'action du feu, opération qui est faite
par des ouvriers ordinaires. On procède ensuite à
leur montage en tonneaux.

On monte les douves en les bridant à l'aide de
trois cercles *l l l*, dits à expansion, puis on les met
sur le tour d'assemblage (fig. 1 et 2, pl. II). Une fois
en place, avec ces trois cercles, on embraie la courroie de transmission sur la poulie fixe *m*, et l'on
tourne les vis de rappel *n* et *n'* qui font avancer les
lames et les outils *o o'*, pour faire les jables ou rainures et les chanfreins destinés à faciliter l'entrée
des fonds. En même temps, une troisième lame coupe
le tonneau de longueur.

Pour finir de tourner le tonneau extérieurement, on
se sert d'un rabot ordinaire un peu pesant, que l'on
fixe au bout d'un levier, et qui agit par son propre
poids pendant la rotation du tonneau : un ouvrier a
soin de le promener dans le sens longitudinal de la
futaille, après avoir enlevé le cercle du milieu.

Ce travail terminé, on débraie la courroie sur la poulie folle *m'*, et l'on retire la demi-poupée ou le support M, afin de dégager le tonneau de l'arbre P.

Les poupées M et N sont boulonnées sur deux flasques de bois O, servant en même temps de guides au support M. Elles ont des bras sur lesquels s'adaptent de doubles charriots pour promener les outils en tous sens; ceux-ci sont fixés sur les chariots supérieurs.

Les cercles à expansion sont composés chacun d'un plateau L, de six rayons dentés *q*, de six croissants *c c* ayant la courbe de l'intérieur du tonneau, d'un escargot *x*, faisant mouvoir les rayons dentés, et qui, au bout de sa douille, se termine en huit pans, afin de donner le serrage avec une clef, et par un cliquet pour maintenir ce serrage.

Les escargots extérieurs servent en même temps de roue à rochet.

Le cercle à expansion extérieur se serre moyennant un petit axe S traversant le plateau du milieu et le plateau extérieur; sur le bout intérieur de cet axe se trouve un pignon qui engrène dans la roue-escargot du milieu; il existe également une roue à rochet avec son cliquet. Le moyeu de cette roue a la forme d'un huit-pans pour que la même clef puisse desserrer les trois rochets.

IV. — Les principales pièces du tour à tourner les fonds (fig. 7 et 8, pl. II) sont deux poupées P et P', qui reposent sur le banc T; deux arbres *t* et *t'* tournant dans les poupées; deux plateaux *a a'* calés sur les arbres *t* et *t'*, un double chariot *s* monté sur les bras *n n* des poupées.

Quand le fond est monté sur le premier plateau, on donne un tour de main au volant V, qui fait avancer avec la vis u, l'arbre t' et le plateau a' ou QQ armé de picots ou pointes, et le maintient contre le fond. On embraie alors la courroie, et les deux plateaux et les deux arbres se mettent en mouvement.

Comme les fonds de tonneaux assemblés peuvent ne pas être ronds, il faut d'abord les couper au moyen d'un outil x; cet outil est fixé sur le charriot s, que l'on fait avancer; deux autres lames forment le chanfrein de chaque côté du fond.

Ainsi, le fond est travaillé avec grande précision, et ce travail se fait avec célérité. Quant aux trous à percer dans les fonds pour les goujonner, un tour simple, avec un petit support, suffit pour percer les douves aux endroits qui doivent recevoir les chevilles destinées à attacher les barres que l'on met habituellement pour maintenir les douves des fonds.

§ 3. MACHINES DE ROSENBORG.

Ces machines, qui datent de 1850 (1), sont au nombre de quatre :

La première a pour objet de débiter le bois en planches de formes et de dimensions convenables;

La seconde convertit ces planches en douves, c'està-dire leur donne la courbure et les autres façons;

La troisième perce les trous destinés à recevoir les chevilles du barrage;

(1) Patentées en Angleterre le 7 mars 1850, et en France le 16 septembre suivant.

La quatrième assemble les douves pour en former des tonneaux.

Dans les deux premières, l'effet voulu est produit par des scies circulaires ou non diversement disposées, et, dans la troisième, par des mèches de vilebrequins ou forets montés à l'extrémité d'arbres tournants. Nous ne décrirons que la quatrième, renvoyant pour les autres au tome XX du Recueil des brevets expirés.

La machine à assembler (fig. 10, pl. II, en plan; fig. 9, même pl., en coupe) se compose d'une plaque de fondation A A et d'une plaque de sommet C C, réunies par des colonnes verticales B B.

Les lettres *a a* indiquent des pièces placées à la partie inférieure pour maintenir les douves en position.

H H sont des vis qui se meuvent dans des écrous *e e* et à travers des blocs *k l*. La partie unie de chacune d'elles porte un pignon à biseau, rattaché à l'arbre. Les clefs de tous ces pignons fonctionnent dans des coulisses pratiquées dans des arbres, de manière que ces pignons à biseau fassent tourner les arbres, tandis que, en même temps, les autres glissent en travers.

m est une grande crémaillère circulaire qui se meut dans un coin *u*, placé dans la plaque de sommet C, et qui est dentée sur les côtés inférieurs et supérieurs.

s est un pignon à biseau fonctionnant à travers une ouverture pratiquée dans la plaque de sommet, contre le côté inférieur de la crémaillère *m*; il est monté sur un arbre *e*, portant trois poulies à courroies, dont deux sont fixes et l'autre est folle sur l'arbre.

Voici maintenant comment la machine opère : on commence par placer en D, entre les pièces *a a*, la tête du tonneau, et autour de cette tête on dispose les douves, en ayant soin de les assujettir à l'aide d'un cercle à rebord. Les choses ainsi disposées, on jette la courroie de transmission sur l'une des poulies fixes qui donnent le mouvement à l'arbre *e*, ainsi qu'à la crémaillère circulaire. Quand cette crémaillère est en mouvement, elle fait tourner tous les pignons à biseaux, et, par ce moyen, les vis sont toutes en action avec la même vitesse vers le centre de la machine : elles ont toutes la même direction, et sont placées exactement à la même distance du centre.

Sous l'action des vis, toutes les douves *d d* sont soumises à la même pression et se rapprochent peu à peu entre elles. Quand elles vont se toucher, l'ouvrier arrête le mouvement, et il lui suffit pour cela de faire passer la courroie sur la poulie folle; puis, prenant un fond qui a été préparé d'avance, il le place dans le jable supérieur du tonneau, après quoi il fait marcher de nouveau la machine. Enfin, bientôt, les douves se trouvent tout à fait en contact, et la tête de la futaille, étant ainsi formée, on l'assujettit avec un cercle à rebord, de la même manière qu'on l'a fait au commencement pour l'extrémité opposée. Il ne reste plus qu'à donner aux vis un mouvement opposé pour enlever le tonneau et en former un autre.

§ 4. MACHINES LIVERMORE.

Ces machines, qui sont d'origine américaine, ne présentent peut-être rien de bien neuf ou de particulièrement digne d'intérêt, si ce n'est le procédé dont on fait usage pour plier les douves et leur donner le bouge convenable.

Voici comment les choses se passent dans une des usines de New-York, où l'on en fait un grand usage.

Le bois est apporté à l'usine dans l'état le plus vert qu'il est possible, et débité aussitôt par des scies, en pièces ayant des dimensions un peu plus fortes que celles qu'elles doivent conserver définitivement. Ces pièces sont empilées en les croisant dans une grande étuve et exposées pendant quelques heures à un mélange d'air et de vapeur d'eau porté à la température de 120 à 150° C. Ce mode de préparation, qui ne présente rien de particulier et qu'on ne connaisse déjà, étant complété, les pièces sont extraites de l'étuve, dressées et planées sur l'une ou sur les deux faces au moyen de la machine à planer ordinaire de Woodworth, puis exposées pendant très-peu de minutes au mélange d'air et de vapeur porté à environ 155 à 160°. Dans ce second étuvage, les douves sont exposées par paire de deux placées l'une sur l'autre, de façon que la chaleur n'a de libre accès que sur l'une des faces de chacune d'elles. En supposant qu'on veuille qu'il n'y ait que l'extérieur du tonneau qui soit uni, on ne plane dans ce cas que ce côté et ce sont les deux faces ainsi planées qui sont posées l'une sur l'autre dans l'étuve.

Le bois passe ensuite dans la machine à bouger, dont il sort courbé dans les deux directions à peu près au degré nécessaire et qu'il conservera pour constituer le tonneau. Cette machine à bouger consiste en plusieurs couples de cylindres concaves et convexes disposés suivant une ligne courbe correspondant à la courbure ou bouge du tonneau, ainsi que le représente la figure CLXXII. Ces cylindres tournent avec

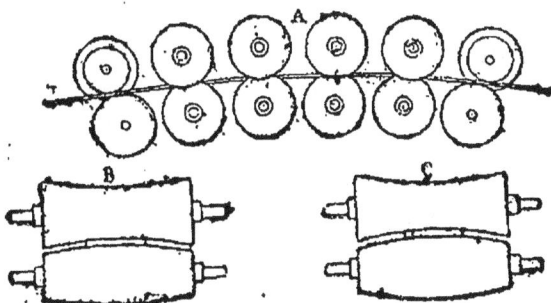

Fig. CLXXII.

une vitesse modérée, et, par leur action, compriment légèrement le bois, et, comme chaque couple diffère par sa forme, la courbure transversale de la douve augmente peu à peu jusqu'à ce qu'elle soit arrivée au degré voulu.

Dans son passage entre les cylindres, le bois se redresse un peu dans les deux directions quand il échappe à leur contrainte; mais quand il a ainsi épuisé sa force élastique, la douve conserve sa forme avec une ténacité toute particulière, et quels que soient les degrés de froid, de chaud, d'humidité ou de sécheresse auxquels elle se trouve exposée, elle ne reprend jamais sa figure primitive, ou même n'éprouve pas de changement matériel bien sensible dans la forme qu'elle affectait en sortant de la machine.

Le sciage de longueur, le chanfreinage des extrémités, et la formation du jable pour recevoir les fonds, sont des opérations qui s'exécutent rapidement par des mécanismes qui font partie des machines à assembler.

Une machine à assembler consiste essentiellement en une mordache qui saisit la douve avec force et précision, quelle que soit sa tendance à échapper par son élasticité, et en forts outils tranchants qui, tout en lui donnant la forme générale convenable, donnent également à ses deux bords l'inclinaison nécessaire. La douve est amenée d'abord sur un fer, puis sur un autre, de façon que ces bords sont parfaitement dressés et chanfreinés en moins de seize secondes, en même temps qu'on y forme le jable.

Un assortiment organisé de manière que toutes les machines travaillent constamment, se compose d'une machine à bouger, d'une machine à couper de longueur et de quatre machines à assembler.

Le personnel d'une fabrique de tonneaux, en Amérique, si l'on en excepte les ouvriers chargés de la préparation du bois et de la mise des douves en paquets, comprend huit hommes et quatre enfants.

Tous frais faits, et à l'exception de l'intérêt des capitaux, la main-d'œuvre pour la fabrication d'un tonneau à l'aide des moyens qui précèdent, revient à environ 6 1/2 cents ou 35 centimes. Quant au prix du bois, qui n'est pas compris dans ce chiffre, il varie suivant sa nature et les localités.

On connaît aujourd'hui un grand nombre de méthodes pour fabriquer, au moyen de la scie, des douves de tonneaux qui se rapprochent, autant qu'il est possible, de la forme correcte que cette pièce doit avoir, et il existe même une machine de ce genre pour les découper dans un bloc de bois et les parer, qui fonctionne avec une rapidité telle qu'elle les débite au taux de une par seconde ; mais, quoique pour le service de cet appareil, on prépare avec soin le bois à la vapeur et que celui-ci soit rendu aussi doux qu'il est possible, cependant on ne peut y employer des instruments coupants d'une assez grande finesse pour éviter qu'il ne s'opère des ruptures, des craquements ou des éclats dans toute la structure du bois. En saisissant par les deux bouts une douve ainsi fabriquée et faisant un effort pour la tordre, on y remarque aussitôt des fissures dans toute son étendue. En un mot, le bois est rempli de ruptures ou d'éclats qui commencent et menacent de s'étendre et de mettre la pièce hors de service.

Cet état du bois était facile à prévoir en songeant que dans toutes les machines à faire les tonneaux, on donne le bouge ou la courbure aux douves au moyen de la scie, c'est-à-dire en coupant plusieurs fois le fil du bois et non pas en suivant ce fil, et c'est sans doute d'après cette observation que dans la machine américaine on a préféré avec raison couper ou fendre d'abord le bois de droit fil, puis lui donner la courbure nécessaire au moyen de la vapeur et de la pres-

sion. Restait à savoir jusqu'à quel point la machine
de M. Livermore remplit la condition que la douve
acquiert, dans les deux sens, le bouge ou renflement
convenable sans altération du bois. Or, voici ce qui
résulte de l'observation.

Quand on courbe et plie avec force le bois sous la
forme d'une douve de tonneau, ce bois éprouve, dans
le sens de sa longueur ou de sa fibre, une courbure
peu considérable qui ne porte aucune atteinte à sa
structure et à sa solidité; mais il n'en est pas de même
relativement à la courbure qu'il reçoit dans le sens
transversal perpendiculairement à sa fibre. Dans cette
direction, non-seulement la courbure est bien plus
sensible, mais, en outre, le bois ne possède, dans ce
sens, qu'une force de résistance à l'extension ou à la
pression qui n'est que le sixième ou même le septième
de celle qu'il possède dans le sens de sa longueur, et,
comme dans l'opération on n'oppose aucune force
latérale à l'extension, il en résulte que dans la pression à laquelle on soumet la pièce, l'axe neutre se
trouve presque complétement transporté sur la face
concave de la douve, tandis que la face convexe est
soumise à une extension assez considérable. Cette extension développe des fissures; mais celles-ci se bor-
nent presque uniquement à la surface et ne s'étendant
pas à l'intérieur du bois, il en résulte des altérations si peu profondes, qu'elles ne portent aucune
atteinte à la solidité et à la durée des tonneaux.

Il est, en outre, nécessaire d'ajouter que quand on
fait choix des essences de bois les plus convenables,
la très-grande majorité des douves ainsi préparées

ne présentent point ces caractères, qu'elles se montrent parfaites sur les deux faces, même lorsque leur épaisseur s'élève jusqu'à 25 millimètres, ainsi que l'exigent certains services.

§ 5. MACHINES W. H. TAYLOR.

Dans ce système, on expose d'abord à l'action de la vapeur le bois qui doit être ouvré et façonné en merrain ou douves, jusqu'à ce qu'il acquière une souplesse et une flexibilité convenables. On le débite ensuite avec des machines qui le travaillent, suivant les formes voulues, avec un degré de rapidité et d'uniformité qu'on n'avait pas encore atteint jusqu'à présent, et avec une perte de matière infiniment moindre que celle qu'on éprouve par les procédés ordinaires, où l'on emploie la Scie à fendre, le Coutre, le Rabot, la Plane, la Doloire, etc. Enfin, on soumet le bois ainsi préparé à un mode perfectionné d'emboutissage ou estampage.

En consultant les figures 17 à 26, pl. II, et en suivant la description que nous allons en donner, on se formera une idée précise du système de l'inventeur.

La figure 17 est une vue en élévation, et la figure 18 une coupe suivant la ligne xx, fig. 17, de la machine qui sert à découper les blocs de bois après qu'ils ont été exposés à l'action de la vapeur au degré convenable, pour leur donner la souplesse et la flexibilité dont il a été question ci-dessus, en pièces droites, plates et de forme rectangulaire, telles que des douves, des lattes, du bardeau, avant de leur donner la courbure qui leur est nécessaire. Cette exposition à la vapeur a lieu, du reste, dans des chambres disposées à cet effet ou par tout autre moyen convenable.

A A, bâti de la machine ; B B, plaque épaisse en fer qui monte et descend dans des coulisses pratiquées dans les montants de ce bâti ; C, plane ou couteau droit fixé sur le devant de la plaque mobile B, mais à une distance correspondante à l'épaisseur qu'on veut donner aux pièces suivant lesquelles on découpe les blocs. D, bielle qui sert à lier la partie inférieure de la plaque mobile B avec la manivelle *m. a a'*, poulies qui transmettent le mouvement de la machine à vapeur à l'arbre à manivelle, et par conséquent impriment un mouvement de va-et-vient à la plaque mobile B et au couteau C qu'elle porte. V, volant pour régulariser l'action de la machine. H, plate-forme sur laquelle on place le bloc à découper qu'on pousse à la main sur la plaque et sous le couteau. M, plan incliné sur lequel tombent les pièces de bois à mesure qu'elles ont été détachées ou découpées.

Les figures 19, 20 et 21 représentent une deuxième machine dans laquelle on passe les pièces découpées et sortant de la machine précédente, qu'on destine à former des douves de tonneaux, et qui sont encore droites et rectangulaires, afin de leur donner cette forme courbe ou bombée qui leur est nécessaire pour fabriquer des barils, des tonneaux ou autres articles semblables.

Fig. 19, élévation antérieure de ladite machine. Fig. 20, élévation latérale, partie en coupe, et fig. 21, coupe en plan par la ligne *s t* de la figure 19.

Tonnelier. 16

I I, forte table en bois au centre de laquelle on a pratiqué une ouverture rectangulaire *a*. *k*, plaque de fonte percée d'une ouverture correspondante à *a* ; cette plaque est encastrée dans la table et s'y trouve fortement assujettie par des boulons à écrous. *e e*, deux doloires ou couteaux courbes fixés aussi par des boulons à écrous sur la plaque en fonte *k*, ayant leur taillant ou arête coupante tourné en haut, et placés de part et d'autre de l'ouverture rectangulaire, mais s'avançant légèrement au-dessus d'elle, de façon que l'espace libre qui existe entre elles présente exactement la forme qu'on se propose de donner aux douves. M, bloc de bois en forme de pyramide tronquée, mais percé au centre et servant de chapeau pour recouvrir les doloires *e e*. Ce bloc est assujetti solidement sur la table I par des moyens ordinaires.

Les pièces rectangulaires de bois débitées par la première machine décrite étant introduites au nombre de deux, trois, quatre, ou en plus grand nombre à la fois, dans l'espace vide qui existe dans le chapeau M, viennent reposer sur le tranchant des doloires *e e*, ainsi qu'on le voit dans la figure 20. Là, un mouton *l* qu'on fait descendre, contraint par sa pression les pièces de bois à passer sur les doloires, qui les entament et les découpent suivant les formes requises. C'est en cet état qu'elles tombent par l'ouverture *a*. Le mouton *l* monte et descend dans des guides S S portés par deux tiges implantées dans le montant vertical P, afin de lui conserver un mouvement de va-et-vient parfaitement parallèle. Il reçoit ce mouvement au moyen d'une excentrique R que fait tourner un arbre Q portant une manivelle mise en action par la vapeur.

Les pièces de bois, ayant été ainsi converties en douves, sont enfin passées à une troisième machine qui est représentée dans les figures 22 et 23, afin de leur donner, suivant la largeur et la longueur, cette courbure ou forme parabolique nécessaire pour en fabriquer des barils et des tonneaux.

Fig. 22, vue en élévation antérieure, et fig. 23, en élévation latérale de cette machine.

V, table sur laquelle est solidement assujetti un bloc de bois *a* sur la face supérieure duquel on a pratiqué une cavité concave ou étampe de la forme que doivent avoir les douves. P, presse à vis fixée également sur la table, de la manière indiquée dans la figure 22, et qui porte à l'extrémité inférieure de sa vis une contre-étampe convexe dont la courbure correspond exactement avec celle de l'étampe concave. Les pièces de bois étant placées au nombre de une ou de deux à la fois sur l'étampe, on abaisse la contre-étampe, et ces pièces se trouvent amenées d'un seul coup à la forme voulue.

Le temps nécessaire pour passer les douves par les trois machines précédemment décrites est tellement court, que quand ces passages sont effectués, elles sont encore chaudes; il est d'ailleurs très-essentiel qu'elles ne se refroidissent pas dans l'intervalle d'une opération à l'autre.

A la machine à découper qui a été décrite ci-dessus, on peut substituer celle qui est représentée dans les figures 24, 25 et 26. La figure 24 est une élévation latérale de cette machine, la figure 25 le plan, et la figure 26 une coupe de sa plaque circulaire, afin de faire voir le mode de fixation des couteaux.

SS, bâti servant de support à un arbre tournant t qui porte une plaque circulaire en fer w, ayant depuis 25 jusqu'à 50 millimètres d'épaisseur, et repliée d'équerre vers sa périphérie, de manière à former un bord saillant un peu plus épais que la largeur qu'on se propose de donner aux douves, lattes ou bardeaux. Sur l'un des côtés du bâti, il existe deux petits galets $u\,u$ placés dans une position telle, que la plaque passe entre eux en tournant, ce qui la maintient dans un état constant de parallélisme avec elle-même. $x\,x$, deux planes ou couteaux droits vissés sur l'une des faces de la plaque w, mais maintenus à une distance de sa surface égale à celle dont le bord de la périphérie fait saillie sur elle. Au lieu de deux planes, on peut en fixer un plus grand nombre sur la plaque, suivant que la quantité de travail qu'on veut exécuter peut le rendre nécessaire, ou que la pratique démontre qu'on pourra en admettre. z, plateau qui sert à diriger les blocs de bois vers les planes de la manière qui a été décrite ci-dessus.

§ 6. MACHINES COLLYER.

On a imaginé, dit l'auteur, un grand nombre de machines à confectionner les tonneaux et surtout pour tailler mécaniquement les douves qui servent à les fabriquer. Mais la plupart de ces dernières machines ont un grand défaut, c'est qu'elles découpent la douve en plein bois avec le bouge qu'elle doit avoir, de façon que le fil de ce bois se trouve coupé en travers et que la douve n'a plus aucune solidité, tandis que, pour présenter ce caractère, elle doit être coupée de droit fil et n'être courbée et amenée à la forme voulue que par une opération ultérieure. On a bien tenté, il est vrai, dans la fabrication mécanique, d'exécuter cette dernière opération par le feu, par l'eau bouillante ou par la vapeur, et si l'on n'a pas réussi, il faut plutôt l'attribuer à l'insuffisance des moyens qu'aux moyens eux-mêmes. Dans la description de l'invention qui va suivre, on croit être arrivé à remplir toutes les conditions qui permettent de fabriquer de bonnes douves pour construire des tonneaux au moyen d'appareils simples, qu'on peut se procurer partout et qui exigent pour leur service peu de frais et une intelligence ordinaire.

Occupons-nous d'abord de la description de l'appareil qui sert à tailler ou découper les douves et à leur donner le bouge en dedans et en dehors.

Fig. 27, pl. II, section verticale d'une portion d'une machine à tailler les douves, qui suffira pour comprendre cette partie de l'invention.

Fig. 28, vue en plan d'un appareil employé pour disposer les douves dans une position convenable dans la machine, avant que l'outil tournant opère dessus.

A, arbre qui règne dans toute la longueur de la machine et qui porte quatre bras b, b', b'', b'''. Sur ces bras sont disposés des blocs de bois c, c', c'', c'''

sur lesquels on place les douves en blanc. La première douve est placée sur le bloc c du bras b où elle est arrêtée par une vis qui passe à travers une pièce taraudée, boulonnée sur le bras b'.

Afin de conserver sa courbure à la douve en blanc, à laquelle on a préalablement donné le bouge au moyen de la vapeur d'eau, ainsi qu'on l'expliquera plus loin, on a recours à l'appareil représenté dans la figure 28.

La douve DD est posée sur un bloc G, qui a la forme que la douve doit affecter après qu'elle sera terminée. Un châssis A, fixé sur la machine, est percé d'un certain nombre de trous, au travers desquels passent des vis b, b, ainsi qu'à travers un bloc C C, également courbe, qui appuie sur la douve. Si la forme de cette douve ne correspond pas exactement à la courbure du bloc G, on fait tourner une ou plusieurs vis dans les points où il existe une irrégularité, jusqu'à ce que cette douve prenne la forme exigée. Cela fait, des presses, des serre-joints ou autres dispositions appropriées, maintiennent cette douve dans la position et la forme qu'on lui a donnée, et on desserre les vis.

En cet état, un ouvrier fait tourner le bras b' d'un quart de révolution, et le bras b, avec sa douve en blanc, se présente à l'action des outils raboteurs.

H est la portion du bâti ou chariot qui porte les outils I, lesquels reçoivent un mouvement de rotation par un moyen qu'on décrira plus loin. Ce chariot reçoit à la fois un mouvement longitudinal et un mouvement vertical. On obtient le mouvement sur

la longueur de la machine au moyen d'une vis *j*, enfilée dans un œil taraudé à la partie inférieure du
chariot, vis que font tourner des courroies et des
poulies, tandis qu'on se procure le mouvement vertical à l'aide d'un galet *k*, qui fonctionne le long
d'un calibre, pendant que le chariot H glisse sur des
coulisses en V. A mesure que les outils tournent, ils
découpent la douve en lui donnant la même forme
que le calibre; le chariot et les outils eux-mêmes,
par la combinaison d'un mouvement longitudinal et
vertical, se mouvant suivant tous les changements de
direction que donne le calibre.

Afin de maintenir la tension qui convient sur la
courroie qui commande la poulie sur l'arbre de l'outil, on se sert du mécanisme représenté en élévation
de côté dans la figure 29.

Le galet *k* porte à son centre un arbre *l*, assemblé avec des tringles M, qui reposent sur un autre
galet *o*, et sont articulées sur des leviers N, portant
le tambour P, autour duquel passe la courroie qui
commande la poulie enfilée sur l'arbre de l'outil. Ce
tambour P reçoit le mouvement d'un arbre *q*, que
font tourner des poulies R, sur lesquelles passe la
courroie de commande qui arrive d'une machine à
vapeur ou d'un autre moteur. Pendant que le galet
k suit la courbure du calibre qui, par conséquent,
éloigne ou rapproche le chariot du tambour P,
la courroie qui fait marcher l'outil est maintenue
constamment au même état de tension, par le
tambour P, qui cède tant aux mouvements suivant
la longueur qu'à ceux sur la hauteur au moyen

des bras articulés N sur lesquels le tambour fonctionne.

Au lieu de cette disposition, on peut faire passer la courroie sur deux rouleaux de guide et de là sur un tambour, auquel on imprime un mouvement de rotation. Dans ce cas, la courroie glisse le long du tambour, à mesure que le chariot se meut, et maintient ainsi la courroie au même degré de tension.

La seconde partie de l'invention est relative à la courbure des douves et consiste dans l'emploi de plaques courbes cellulaires, dans lesquelles on maintient une circulation continue d'eau chaude ou de vapeur surchauffée. On a déjà suggéré l'idée d'employer des plaques courbes chauffées pour donner le bouge aux douves de tonneaux; mais on n'a pas réussi, parce qu'on n'a pas songé à y maintenir une température constante et invariable. Or, en faisant circuler de l'eau chaude dans ces plaques, on parvient aisément à les maintenir à une température uniforme pendant le travail de la courbure. Des valets sont disposés pour retenir l'une des extrémités des douves, et un levier, une vis, ou tout autre organe, sert à presser l'autre extrémité de la douve sur la surface courbe de la plaque chauffée. L'extrémité ainsi pressée est retenue par les pinces jusqu'à ce que la douve ait pris et conservé, d'une manière permanente, la forme qu'on lui a donnée.

La troisième partie de l'invention a pour but d'obtenir une épaisseur uniforme et une surface bien exacte et bien plane sur les merrains qui servent à constituer les fonds des tonneaux. Les merrains sont établis sur champ dans un bâti ajusté très-exactement sur le banc d'une scie et marchent par l'entremise d'une vis en avant et sur un disque armé d'outils coupants ou rabottants. On communique un mouvement rapide de rotation au disque, tandis que le merrain s'avance sur le bâti avec lenteur. Aussitôt que le bâti atteint l'extrémité du banc on enlève la pièce, on ramène le chariot et on le charge avec une autre pièce brute.

La figure 30 est une vue, en élévation de côté, d'un appareil pour exécuter ce travail.

A A, bâti principal qui porte une monture B; C, C, merrain sur lequel il s'agit d'opérer et qui est maintenu par une presse a, a, dont une vis, manœuvrée par une roue b, règle la pression. Cette pièce de bois avance par l'entremise de l'arbre de la roue dentée s, qui est commandée par une autre roue montée sur l'arbre x, auquel le mouvement est communiqué par une poulie sur laquelle est jetée une courroie, qui se rend à une autre poulie, calée sur l'arbre e, lequel entraîne le disque m qui porte les fers. A mesure que le merrain avance, ces fers amènent le bois à l'épaisseur désirée.

§ 7. MACHINE LAVAUD A FAIRE LES FONDS.

Plusieurs inventeurs se sont occupés spécialement de la fabrication des fonds. Nous citerons, entre autres, M. Lavaud, de Libourne, qui a pris, le 25 juillet 1854, un brevet de quinze ans pour une *fonceuse à bascule*. Voici la description qu'il a faite lui-même de cette machine :

Cette machine (fig. 11 à 16, pl. II), qui peut être en bois ou en métal, présente les avantages suivants :

1º Elle donne le moyen aussi facile que prompt de tailler et établir à la fois toutes les pièces composant la foncure d'un tonneau ou barrique, moyennement composée de six pièces appelées *fonds*, opération qui, pour la faire d'après les habitudes en usage, nécessite presque le double de temps qu'on emploiera avec la nouvelle fonceuse à bascule;

2º Elle offre encore dans son emploi la faculté de foncer une barrique ou un tonneau en une seule fois, tandis qu'il faut ordinairement placer les fonds un à un, d'où résulte le grave inconvénient que ces mêmes fonds qu'on est obligé de présenter ainsi un à un, sans pouvoir les assujettir convenablement, tombent souvent au fond de la barrique ou du tonneau, et obligent ainsi l'ouvrier à recommencer son travail avec perte de temps.

On dispose sur le plateau A les crampons (fig. 12, 14). Le premier est immobile, garni de pointes qui prennent en dessous et retiennent les deux fonds extrêmes ou extérieurs de la foncure; en y ajoutant ensuite d'autres pièces de même espèce, et les plaçant les unes à côté des autres, on arrive ainsi à former la superficie voulue. Les choses ainsi disposées, on serre l'étau B, qui fait une pression horizontale, de manière qu'on évite tout désaccord ou dérangement des pièces ou fonds déjà fortement unis entre eux. Ensuite, au moyen de deux vis, on serre le bois très-énergiquement contre ou sur le cercle ou plateau déjà désigné A, de sorte que cet assemblage ne peut se déranger dans aucun sens. Cette bonne disposition obtenue, on trace, au moyen d'un compas, la circonférence dont on a besoin et correspondante au diamètre de la barrique à foncer; et, d'un seul coup de scie, on arrive au résultat voulu. Après cela, on rabote et on taille d'abord horizontalement, et ensuite circulairement d'un côté; puis renversant doublement la machine, en lui donnant la position verticale, on fait la même opération de l'autre côté en haut et en bas. Ce travail fait promptement, avec une précision mathématique, et la pièce étant replacée horizontalement, on place la bande C (fig. 16) sur cette foncure déjà sciée, rabotée et taillée; cette bande est garnie de trois vis d'attache, dont l'une est inclinée, et qui viennent prendre et saisir la foncure en entier. Enfin, au moyen de l'anneau qui surmonte l'une des vis d'attache, et en y introduisant les deux doigts, indicateur et le majeur, on enlève cette même foncure après avoir préalablement fait disparaître la pression de l'étau, qui n'est plus utile.

OBSERVATIONS

SUR LA TONNELLERIE MÉTALLIQUE.

Malgré les avantages incontestables qu'elle présente, la tonnellerie mécanique n'a encore été appliquée, du moins sur une grande échelle, qu'à la confection des futailles destinées à l'emballage des matières sèches ou à peu près sèches. Mais ces dernières années ont vu naître, dans cette industrie, une branche nouvelle qui promet de prendre une extension considérable; nous voulons parler de la TONNELLERIE MÉTALLIQUE, qui consiste, comme son nom l'indique, dans la substitution du fer au bois pour la confection des tonneaux, et qui s'exerce par les procédés ordinaires de la grosse chaudronnerie. Quelques mots sur cette innovation ont donc ici leur place naturelle.

Les futailles métalliques se font en tôle de fer, à laquelle on substituera peut-être un jour celle d'acier. Elles ont été primitivement imaginées pour opérer le transport et la conservation des alcools, afin d'éviter les pertes énormes qu'éprouvent ces liquides, soit par voie d'évaporation, soit par voie de coulage, quand on les loge dans des tonneaux de bois. Les essais ayant complétement réussi, l'usage s'est de plus en plus répandu de transporter les spiritueux dans des pipes en fer et de les conserver, dans les magasins généraux, dans des cuves de ce métal, et avec d'autant plus de sécurité que le contact du fer et celui de l'oxyde qui se forme sur les parois des fûts n'exercent aucune action nuisible sur ces liquides.

En présence du succès obtenu par l'emploi des tonneaux en fer dans le commerce des alcools, on s'est demandé s'il ne serait pas possible de se servir de ces mêmes vases, mais de grandes dimensions, pour effectuer le transport des vins, ce qui permettrait d'éviter les frais considérables d'enfûtage qui grèvent ces boissons, lorsqu'il s'agit de les expédier des lieux de production aux grands centres de consommation. La réponse à cette question ne saurait qu'être affirmative, pourvu, toutefois, que le contact de la matière des nouvelles futailles ne puisse communiquer au vin aucune altération, aucun goût particulier, désagréable, nuisible à la vente. Voici ce que dit à ce sujet le journal *le Brasseur*, dans le numéro du 27 décembre 1874 :

« En ce qui touche l'action du fer sur le vin, nous ne pouvons la prévoir. Nous craignons l'influence des sels de fer sur le tannin du vin, qui peuvent former un composé ayant de l'analogie avec l'encre, et ayant comme celle-ci un goût styptique astringent et désagréable. Ce goût d'encre, s'il persistait, serait bien de nature à nuire à la qualité du vin et à diminuer sa valeur vénale. Toutefois, on pourrait éviter cet inconvénient en revêtant l'intérieur des tonneaux d'une couche d'un vernis protecteur sans action sur le fer et sur le vin. Il serait possible aussi que si les premiers vins qu'on logerait dans ces vaisseaux en tôle contractaient un peu le goût de fer, cette altération devrait s'affaiblir peu à peu et finir par disparaître. On trouve dans la brasserie un exemple analogue de l'influence du fer sur cette boisson. Les bacs refroidissoirs en fer, sur lesquels la bière séjourne les premières fois, lui communiquent un mauvais goût d'encre ; mais ce goût disparaît, après quelques jours de service, des bacs qui se recouvrent d'une espèce d'enduit dont la présence protége les surfaces métalliques et met le liquide à l'abri de toute altération ultérieure. Ce qui a lieu pour les bacs refroidissoirs des brasseries se produira également pour les grands vases destinés au transport du vin. Après quelques voyages, ils seront affranchis de tout désagrément. Il convien-

Tonnelier. 17

drait donc d'y loger, les premières fois, des vins de peu de prix et, mieux encore, de les revêtir intérieurement d'un vernis inattaquable par le vin. Au début, la prudence commande d'agir avec circonspection. » (J. Pezeyre.)

SIXIÈME PARTIE

JAUGEAGE DES TONNEAUX.

NOTIONS PRÉLIMINAIRES.

On sait que, par suite de la liberté illimitée ou plutôt du désordre qui existe dans la tonnellerie, telle qu'elle s'est pratiquée jusqu'à présent, rien n'est plus variable que la contenance des futailles. Il est rare que ces vases renferment exactement la quantité de liquide qu'ils devraient contenir, même quand ils portent le même nom et qu'ils sortent du même atelier, à plus forte raison, quand ils ont été fabriqués dans des pays ou des ateliers différents. Mais, outre la différence de capacité due, soit à des usages locaux, soit à la négligence ou à l'impéritie des tonneliers, il en est d'autres qui ont la fraude pour cause unique. Ainsi, dans certaines villes, quand on répare les tonneaux, on en *riffle* les douelles, sans qu'elles en aient besoin, dans le but unique de diminuer la capacité de ces vases lorsqu'ils sont remontés. Ailleurs, on diminue à dessein l'épaisseur des douves qui correspondent à la bonde, parce qu'en introduisant la sonde, on obtient une capacité plus grande que la capacité réelle.

Il résulte de ce qui précède qu'il est d'une grande importance de connaître la contenance réelle des tonneaux, surtout quand il s'agit de vendre ou d'acheter des liquides de prix. On y parvient exactement par le *dépotage;* mais, comme cette opération est assez longue et exige, en outre, des précautions minutieuses, on préfère généralement recourir au *jaugeage.* On se sert pour cela, soit du calcul, soit d'instruments gradués qu'on nomme *jauges.* Toutefois, avec quelque soin qu'on procède, on ne peut obtenir par l'un ou l'autre de ces moyens que des résultats plus ou moins approximatifs, par suite de l'impossibilité où l'on est de pouvoir, à cause de la courbure des douves, considérer les tonneaux comme des cylindres ou des cônes tronqués. Il vaudrait mieux, si la chose pouvait devenir pratique, remplacer le mesurage par le *pesage.* Remarquons d'ailleurs que le jaugeage, même quand il est exécuté par des mains loyales, n'est pas toujours exempt de fraude, et l'on peut en dire autant du dépotage.

PREMIÈRE PARTIE.

DÉPOTAGE.

Dépoter une futaille, c'est en vérifier la contenance en mesurant le liquide qu'elle renferme dans des vases dont la capacité a été déterminée d'avance.

A Paris, où le commerce des liquides alcooliques se fait sur une échelle énorme, le dépotage a lieu à l'Entrepôt général au moyen d'un appareil de précision, qu'on appelle *dépotoir,* et qui est combiné de façon à être infaillible. C'est une série de vingt et

une cuves cylindriques en cuivre étamé. Chacune
de ces cuves peut contenir jusqu'à 8 hectolitres, et
est mise en rapport avec un tube gradué qui, opérant
comme un niveau d'eau, indique exactement la
quantité de liquide versé dans la cuve. L'opération,
dès lors, s'explique d'elle-même. La contenance d'une
futaille est-elle douteuse ou simplement contestée?
on décante cette futaille dans la cuve, dont le robinet
est fermé; le tube marque la quantité contestée, et
la vérification s'opère ainsi sur des données irrécu-
sables. Le service est dirigé par un employé asser-
menté des poids publics et par quatre ouvriers qui
déposent un cautionnement, car ils sont responsables
des dégâts que peut entraîner la manutention des
tonneaux.

Mais, à l'exception de quelques grandes villes, les
choses sont loin de se passer comme nous venons de
le dire. En général, on décante le liquide dans un
vase quelconque, d'une capacité connue, d'un déca-
litre par exemple. Or, aussi consciencieux que soit
l'opérateur, il est à peu près impossible de répondre
d'erreurs inévitables qui s'élèvent au moins à plusieurs
centièmes, et qui peuvent devenir très-considérables
si le dépoteur ne s'entoure par des précautions nécessaires. Une première cause d'erreur provient de l'ex-
trême difficulté de remplir exactement, à chaque
mesurage, le vase servant de mesure; de là des différences de niveau et, par suite, un égal nombre
d'inexactitudes. Une autre cause d'erreur est due à
l'usage où l'on est d'admettre que l'égouttage extérieur de la mesure compense la petite quantité de

liquide que l'instrument retient sur sa surface intérieure. Or, il résulte de nombreuses expériences que
cet usage est loin de reposer sur l'observation de faits
bien rigoureusement établis. Au reste, pour se faire
une idée que le mesurage, tel qu'il se pratique habituellement, laisse beaucoup à désirer au point de vue
de l'exactitude, il suffit de faire mesurer un même
tonneau par des personnes différentes, et l'on trouvera
toujours des différences notables. Nous n'avons pas
besoin d'ajouter que lorsque le dépoteur veut favoriser
l'acheteur ou le vendeur, il a, dans la position de la
mesure, dans l'inclinaison qu'il peut lui donner, enfin,
dans le soin qu'il apporte à l'égouttage, des ressources
suffisantes pour obtenir des différences très-considérables.

Il est encore inutile d'ajouter que le mesurage,
de quelque manière qu'on l'effectue, peut introduire
des principes d'altération dans certains liquides, surtout dans les vins d'une très-grande délicatesse.

DEUXIÈME PARTIE.

JAUGEAGE.

Le *jaugeage* proprement dit se fait, avons-nous dit,
soit par le calcul, soit à l'aide d'instruments qu'on appelle *jauges*.

§ 1. JAUGEAGE PAR LE CALCUL.

Pour jauger un tonneau au moyen du calcul, on a
recours à l'une ou à l'autre des méthodes suivantes.

1. *Première méthode.*

Cette méthode est dite d'*Ougthred*, du nom de celui qui l'a inventée. Elle suppose que le tonneau est formé de deux troncs de cône réunis par leurs grandes bases.

Après avoir pris, avec un instrument approprié (voy. pag. 303-305), le diamètre du jable, on fait le carré de ce diamètre; on y ajoute le double du carré du bouge, c'est-à-dire de la bonde, on multiplie la somme par la longueur du tonneau; enfin, on multiplie le produit obtenu par le nombre 0,262, lequel n'est autre chose que le quotient de la division du nombre 3,1416 par 12. Le nouveau produit exprime combien de décimètres cubes, ou de litres, sont contenus dans le tonneau.

En opérant, il faut tenir compte des circonstances suivantes : 1° si les deux fonds sont ronds et du même diamètre; 2° si les fonds sont ronds, mais de diamètres différents; 3° si les fonds ne sont pas ronds, par conséquent ont deux diamètres.

Premier cas : fonds ronds et du même diamètre. — Soit un tonneau qui ait :

74 centimètres de diamètre au jable, c'est-à-dire à chaque fond;

89 centimètres de diamètre au bouge;

1 mètre 22 centimètres de longueur intérieure.

Le carré de 0ᵐ.74, diamètre du jable, est égal à 0,74 × 0,74 ou 0,5476.

Le carré de 0m.89, diamètre du bouge, est égal à 0,89 × 0,89 ou 0,7921.

Le double de 0,7921 est 1,5842.

La somme des deux nombres 0,5476 et 1,5842 est 2,1318.

Multipliant ce nombre 2,318 par 1,22, longueur du tonneau, on obtient 2,6008 au produit.

Prenant alors ce produit — 2,6008 — et le multipliant par 0,262, on en obtient un second — 0,6814 — qui indique la contenance du tonneau : il signifie que ce tonneau renferme un peu plus de 681 décimètres cubes ou de litres.

Deuxième cas : fonds ronds, mais de diamètres différents. — Soit un tonneau qui ait :

58 centimètres de diamètre à l'un des fonds;

56 centimètres de diamètre à l'autre fond;

60 centimètres de diamètre au bouge;

1 mètre 20 centimètres de longueur intérieure.

On opère comme ci-dessus, mais en prenant pour diamètre du jable le diamètre moyen des fonds. On obtient ce dernier en ajoutant ensemble les deux diamètres et divisant leur somme par 2. D'après cela, le diamètre moyen des tonneaux en question est de 57 centimètres. En effet, 0,58 + 0,56 = 1,14 dont la moitié est 0,57.

Troisième cas : fonds irréguliers, c'est-à-dire n'étant pas ronds. Les fonds de cette sorte ont nécessairement deux diamètres, un grand et un petit. — Soit un tonneau qui ait :

54 centimètres au grand diamètre de l'un des fonds

et 52 centimètres au petit diamètre de ce même
fond;

56 centimètres au grand diamètre de l'autre fond
et 50 centimètres au petit diamètre de ce même
fond;

60 centimètres de diamètre au bouge;

1^m.20 de longueur intérieure.

On opère comme ci-dessus; mais, avant toute autre
chose, il faut trouver le diamètre moyen du jable.
Pour y parvenir, on calcule le diamètre moyen de
chaque fond, on ajoute les deux diamètres moyens
obtenus, et l'on prend la moitié de leur somme. Dans
l'exemple ci-dessus, le diamètre moyen du jable est
0^m.54. En effet, l'un des fonds a pour diamètre moyen
0^m.53, moitié de 0,54 + 0,52 ou de 1,06, et le diamètre moyen de l'autre est 0,55, moitié de 0,56 + 0,54
ou de 1,10. Or, 0,53 + 0,55 donnent 1,08 dont la
moitié est 0,54.

2. *Deuxième méthode.*

Cette méthode est fondée sur la supposition que
les tonneaux sont des cylindres ayant pour hauteur
la longueur intérieure de la futaille, et pour diamètre moyen le diamètre du bouge diminué du tiers de
la différence qui existe entre ce même diamètre et
celui des fonds ou du jable.

On commence par chercher la longueur intérieure
du tonneau. Cela fait, on mesure le diamètre du jable
et celui du bouge, on prend le tiers de leur différence,
on retranche ce tiers du second, et l'on a ainsi le

diamètre moyen dont la moitié représente le rayon du cylindre auquel on suppose que le tonneau correspond. Il n'y a plus alors qu'à évaluer le volume de ce cylindre. A cet effet, on élève le rayon au carré et l'on multiplie ce carré, d'abord par la longueur intérieure du tonneau, puis par le nombre 3,1416, et le nombre résultant de l'opération indique combien de décimètres cubes ou de litres sont contenus dans le tonneau.

En opérant, il faut tenir compte, comme dans la méthode de d'Oughtreed, des circonstances suivantes : 1° si les deux fonds sont ronds et d'un égal diamètre; 2° si les deux fonds sont ronds, mais de diamètres différents ; 3° si les fonds ne sont pas ronds, par conséquent ont deux diamètres.

Premier cas : fonds ronds et du même diamètre. — Soit, de même que ci-dessus, un tonneau qui ait :

74 centimètres de diamètre à chaque fonds ;

89 centimètres de diamètre au bouge ;

1^m.22 de longueur intérieure.

0,15 est la différence qui existe entre 0,89, diamètre du bouge, et 0,74, diamètre du jable. Retranchant 5, tiers de cette différence, de 0,89, il reste 0,84 pour diamètre moyen.

On peut aussi obtenir ce diamètre moyen en ajoutant au diamètre de l'un des fonds le double du diamètre du bouge, puis prenant le tiers des deux nombres. En effet, 0,74 + 1,78 = 2.52 dont le tiers est 0,84.

De cette façon, le tonneau se trouve transformé en un cylindre qui a 1^m.22 de hauteur et 0^m.84 de diamètre, ou, ce qui revient au même, 1ᵐ.22 de hauteur et 0ᵐ.42 de rayon.

Elevant 0,42 au carré, on obtient le nombre 0,1764.

Il ne reste plus alors qu'à multiplier ce nombre 0,1764, d'abord par 1,22, puis par 3,1416. Le produit 0,676 indique que le tonneau renferme 676 décimètres cubes, résultat un peu différent de celui qu'a donné la première méthode.

Deuxième cas : fonds ronds, mais de diamètres différents. — Soit un tonneau qui ait :

58 centimètres de diamètre à l'un des fonds ;
56 centimètres de diamètre à l'autre fond ;
60 centimètres de diamètre au bouge ;
1ᵐ.20 de longueur intérieure.

On opère comme ci-dessus, mais en prenant pour diamètre du jable le diamètre moyen des fonds. Pour obtenir ce dernier, il suffit d'ajouter les deux diamètres des fonds et de prendre la moitié de leur somme. On trouve ainsi 0ᵐ.57 pour diamètre du jable, car 0,58 + 0,56 = 1,14 dont la moitié est 0,57.

De cette manière, la question est ramenée au cas précédent. 0,03 étant la différence qui existe entre 0,60, diamètre du bouge, et 0,57, diamètre du jable, on retranche 0,01, tiers de cette différence, de 0,60, diamètre du bouge, et il reste 0,59 pour le diamètre moyen cherché.

On trouve aussi ce diamètre moyen en ajoutant au diamètre du jable le double du diamètre du bouge, et divisant la somme par 3. En effet, 0,57 + 1,20 = 1,77 dont le tiers est 0,59.

Troisième cas : fonds irréguliers, c'est-à-dire n'étant

pas ronds. Les fonds de cette sorte ont nécessairement deux diamètres, un grand et un petit. — Soit
un tonneau qui ait :

54 centimètres au grand diamètre de l'un des fonds
et 52 centimètres au petit diamètre de ce même
fond ;.

56 centimètres au grand diamètre de l'autre fond
et 50 centimètres au petit diamètre de ce même
fond ;

60 centimètres de diamètre au bouge ;

1ᵐ.20 de longueur intérieure.

Ici encore, la première chose à faire, c'est de trouver le diamètre moyen du jable. Comme nous l'avons
dit dans le cas correspondant de la première méthode,
on y parvient en cherchant le diamètre moyen de
chaque fond, puis ajoutant les deux diamètres obtenus et prenant la moitié de leur somme.

En procédant comme ci-dessus, on trouve que le
diamètre moyen du jable est de 0ᵐ.54, et la question
est ramenée à celle du premier cas. 0,06 étant la différence qui existe entre 0,60, diamètre du bouge, et
0,54, diamètre du jable, on retranche 0,02, tiers de
cette différence, de 0,60, diamètre du bouge, et il
reste 0,58 pour le diamètre moyen cherché.

On peut aussi trouver ce diamètre moyen en ajoutant au diamètre du jable le double du diamètre du
bouge et divisant par 3 la somme des deux nombres.
En effet, $0,54 + 1,20 = 1,74$ dont le tiers est 0,58.

§ 2. JAUGEAGE PAR LES INSTRUMENTS.

Les instruments de jaugeage, ou *jauges,* ont été inventés pour les personnes qui ne savent pas calculer. Ils sont construits de manière à donner, par la simple lecture de signes de convention, la contenance des tonneaux; mais il ne faut pas perdre de vue que cette contenance n'est qu'approximative.

Les jauges dont on se sert habituellement sont au nombre de quatre, savoir : la *velte* ou *diagonale,* la *jauge à crochet,* la *jauge à ruban* et la *jauge Pellevilain.*

1. *Velte.*

La VELTE consiste en une règle de fer dont la longueur est d'environ 1^m.24. Elle est tantôt d'une seule pièce, tantôt de trois ou quatre morceaux qui se vissent bout à bout. Quand elle a cette dernière forme, on l'appelle le plus souvent *jauge brisée.*

La velte est graduée sur deux de ses faces seulement. Sur l'une, nommée *côté fort,* chaque degré vaut 10 litres, tandis que, sur l'autre, dit *côté faible,* chaque degré ne vaut qu'un litre. La première est destinée aux fûts de 30 à 100 litres, et la seconde aux barils contenant moins de 30 litres.

Pour faire usage de la velte, on la passe obliquement dans le tonneau par la bonde, en faisant porter son extrémité à l'angle interne du fond, de manière à obtenir la plus longue distance de ce fond au centre de la bonde en dessous du bois. On lit ensuite sur la règle le numéro de graduation qui indique le nombre de décalitres ou de litres, suivant qu'on a pris le côté fort ou le côté faible.

Il est à remarquer que, lorsqu'on opère sur le côté faible, il faut mesurer successivement la distance des deux fonds et ajouter les résultats, parce que la jauge ne donne que les litres contenus dans la moitié du tonneau, de la bonde jusqu'à l'un des fonds.

Quand on se sert du côté fort, la mesure d'une seule diagonale suffit généralement pour avoir la contenance de la futaille ; mais il faut pour cela que la bonde se trouve exactement à égale distance des fonds. Lorsqu'elle ne s'y trouve pas, les deux diagonales étant plus longues l'une que l'autre, il est alors indispensable de les mesurer toutes les deux, et l'on prend la moyenne des deux indications. Ainsi, supposons qu'un tonneau donne 82 par l'une des diagonales et 78 par l'autre. La somme de ces deux nombres est 160, dont la moyenne est 80. La contenance de ce tonneau est donc de 80 litres.

La velte est d'un emploi très-simple et très-commode, mais elle suppose que les futailles soient parfaitement semblables entre elles, et que l'angle formé par la diagonale et la ligne verticale du bouge ait de 33 à 38 degrés d'ouverture, ou, en moyenne, de 35 degrés et demi.

Or, pour qu'un tonneau forme à la diagonale un angle de 35 degrés d'ouverture, il faut que sa longueur soit d'un peu plus de 4 dixièmes supérieure à la hauteur du diamètre moyen.

En dehors de ces proportions, la jauge force les

fûts, autant ceux qui sont plus allongés que ceux qui sont plus courts, et ce forcement peut aller jusqu'à 5 pour 100.

2. *Jauge à crochet.*

La JAUGE A CROCHET consiste en une règle carrée d'environ 2^m.30, et qui, de même que la précédente, peut se briser en parties se réunissant au moyen de vis et d'écrous. Elle est terminée par une garniture en fer, munie d'un *crochet* et d'un *talon,* et pouvant s'ôter à volonté. Le crochet est fixé à angle droit sur le fer.

Quand on fait usage de cette jauge, on commence par déterminer la longueur du tonneau. Pour cela, on applique en long l'instrument sur le tonneau, de manière que le crochet embrasse le jable et que son bec porte sur le fond. On lit alors, sur la face des longueurs, le numéro qui répond au bord du jable opposé, et ce numéro indique le résultat cherché.

Une autre face est destinée à donner les diamètres des fonds. A cet effet, on appuie le bout du talon sur le bord intérieur du jable, dans une direction diamétrale, en ayant la précaution de faire osciller l'instrument, afin d'obtenir la plus grande distance possible. De plus, si le fond n'est pas exactement rond, on mesure deux diamètres en croix et l'on prend moitié de leur somme. On exécute ces diverses opérations pour les deux fonds, et l'on divise par 2 les nombres obtenus, ce qui donne le diamètre moyen des fonds. Une troisième face porte des divisions qui ont pour

objet de faire connaître le diamètre du bouge. Pour
obtenir ce renseignement, il suffit d'enfoncer la règle
par la bonde, bien verticalement, et de noter la division qui affleure la surface intérieure de la futaille,
ou le dessous du bois de la bonde.

Il est à ne pas oublier que, sur les deux dernières
faces, c'est-à-dire celle des fonds et celle du bouge,
chaque division indique 2 litres.

Toutes ces mesures étant prises, il ne reste plus,
pour évaluer la contenance du tonneau, qu'à *multiplier le diamètre moyen par la longueur*, et, comme
les divisions destinées à donner les diamètres représentent chacune 2 litres, et non pas des longueurs métriques, le produit exprimera, en doubles litres, la
capacité demandée.

Si, par exemple, on a lu 31 et 33 sur les deux fonds,
on prend la moyenne de ces deux nombres, ou 32,
pour l'expression du fond réduit. Le bouge étant sup-
posé de 40, on a, pour diamètre moyen, 36, moitié
de 72. Enfin, en prenant les longueurs, on a lu 5.
Multipliant donc 36 par 5, le produit 180 indique que
le tonneau contient 180 doubles litres, ou 360 litres.

3. *Jauge à ruban.*

La JAUGE A RUBAN se compose d'un ruban de taffe-
tas très-fort et à peu près inextensible, qui est long
de 2ᵐ.34, et qui s'enroule sur un axe au centre d'un
petit baril. Les deux surfaces de ce ruban sont mar-
quées de divisions dont les unes servent à mesurer
les longueurs et les autres les diamètres, et qui sont

précisément égales à celles de la jauge à crochet et ont le même usage.

La jauge à ruban n'est à proprement parler qu'une règle graduée qu'on a rendue flexible afin de pouvoir la transporter plus facilement. Quand on veut en faire usage, on procède de la manière que voici :

Veut-on mesurer les diamètres des fonds? On applique successivement le ruban sur leur face extérieure, entre les jables, la division marquée *zéro* placée sur l'un de ces derniers.

Veut-on trouver le diamètre du bouge? On suspend par la bonde une baguette, ou un fil-à-plomb, qu'on laisse tomber verticalement sur la douve opposée; on remarque le point qui est au niveau de la surface intérieure des douves d'en haut, et retirant la baguette ou le plomb, on porte la mesure sur le ruban à partir du zéro.

Quant à la longueur du tonneau, on la prend à l'extérieur, de l'extrémité d'un des jables à l'autre.

Ces divers renseignements obtenus, on exécute les opérations de calcul que nous avons indiquées en parlant de la jauge à crochet.

4. *Jauge Pellevilain.*

La JAUGE PELLEVILAIN est celle qui a été adoptée pour le service des octrois de Paris. Elle donne des résultats beaucoup plus exacts que toutes les autres; mais son emploi est beaucoup moins facile, ou du moins exige un apprentissage assez long. C'est une règle terminée par un talon et un crochet, et dont les

quatre faces portent des espèces de barèmes qui ont
été établis de manière à faire connaître, pour ainsi
dire instantanément, la contenance de toutes les espèces de tonneaux. Il y en a deux modèles, l'un, avec
dix barèmes, pour les futailles ordinaires, et l'autre,
avec six barèmes seulement, pour les grosses futailles,
l'expérience ayant appris que tous les tonneaux en
usage dans le commerce, du moins dans le commerce
parisien, peuvent se rapporter à seize formes différentes.

TROISIÈME PARTIE.

PESAGE.

Les inconvénients que présente la détermination de
la contenance des futailles, soit qu'on emploie le
dépotage, soit qu'on ait recours au jaugeage, ont fait
penser qu'on y remédierait en remplaçant la vente à
la mesure par la vente au poids. De cette manière,
on substituerait quelque chose de certain, de réel, à
une mesure qui n'est jamais ou presque jamais
exacte, et dont il est impossible de constater rigoureusement l'exactitude.

Dans la pratique, le nouveau système s'appliquerait
comme il suit. Toute futaille serait pesée vide, et
le poids reconnu au moment de cette vérification
serait indiqué, au moyen de chiffres usuels et bien
apparents, sur la face extérieure de l'un des fonds ou
des deux fonds à la fois. Le jour de la vente ou de la
livraison, c'est-à-dire quand elle serait pleine, on la
pèserait de nouveau, après quoi on n'aurait, pour

connaître la quantité du liquide contenu, qu'à défal-
quer le poids du fût vide du poids du fût plein. Si,
par exemple, un fût vide pesait 30 kilogrammes, et
si ce même fût plein pesait 270 kilogrammes, le poids
du liquide serait de 240 kilogrammes, ce qui équi-
vaudrait à 240 litres, si la densité de ce liquide était
la même que celle de l'eau. On sait, en effet, qu'un
décimètre cube d'eau, ou un litre, pèse un kilogramme.
Mais, comme toutes les boissons n'ont pas la même
densité, c'est-à-dire pèsent plus ou moins que l'eau,
sous l'unité de volume, plusieurs personnes vou-
draient que, pour éviter toute erreur, les marchands
en gros fussent obligés d'afficher, dans leurs magasins,
le poids spécifique, au litre, de chacun de leurs liquides.

Jusqu'à présent, la vente des boissons au poids a
paru impraticable. Ce qui la rend, dit-on, telle, « c'est
qu'une futaille n'a pas un poids invariable ; que ce
poids varie sous l'influence de l'atmosphère, suivant
que la futaille est vide ou pleine, neuve ou rebattue ;
suivant les liquides qu'elle contient ou qui l'imprè-
gnent. Il faudrait donc ne jamais changer la destination des futailles, ce qui a lieu dans le commerce,
où les mêmes fûts servent souvent à loger des liquides
différents. » Enfin, substituer le pesage au mesurage,
ce serait bouleverser les habitudes commerciales.
Toutes ces raisons nous semblent plus spécieuses que
réelles, et nous pensons qu'on réussirait sans trop de
peine à rendre d'une application facile la réforme
dont il s'agit et que réclament, depuis très-longtemps,
les marchands honnêtes. Comme tant d'autres, cette

réforme rencontrerait certainement, dans le principe, des difficultés d'application qui pourraient embarrasser beaucoup de personnes; mais peu à peu la lumière se ferait, les obstacles s'aplaniraient graduellement, et le nouveau mode d'opérer finirait par devenir usuel, au grand avantage des vendeurs aussi bien que des consommateurs.

QUATRIÈME PARTIE.

TONNEAUX EN VIDANGE.

Il est quelquefois utile de connaître les *manquants*, c'est-à-dire la quantité de liquide nécessaire pour qu'un tonneau en vidange soit plein. Plusieurs méthodes permettent d'obtenir ce résultat; mais nous nous contenterons d'indiquer les deux suivantes, l'une et l'autre basées sur le calcul.

1. *Première méthode.*

Mesurer le diamètre du bouge, et en même temps la hauteur du liquide dans le tonneau; diviser le diamètre trouvé en dix parties égales, et examiner combien la hauteur du liquide contient de ces parties : le reste indiquera la hauteur du vide. Le tableau ci-après donne le nombre de millièmes de litre qui répondent aux dixièmes de diamètre que présentera la hauteur du liquide. Si donc, connaissant la contenance du tonneau, on la multiplie par ce nombre, le produit donnera la quantité de litres restant dans le tonneau, et, par suite, le nombre de ceux qui manquent.

Dixièmes.		Contenances.
1	. . . .	0lit.050
2	. . . .	0 . 140
3	. . . .	0 . 250
4	. . . .	0 . 370
5	. . . .	0 . 500
6	. . . .	0 . 630
7	. . . .	0 . 750
8	. . . .	0 . 860
9	. . . .	0 . 950
10	. . . .	1 . 000

Exemple. — Soit un tonneau dans les conditions suivantes :

Contenance, 660 litres;

Diamètre du bouge, 90 centimètres;

Hauteur du liquide, 36 centimètres, c'est-à-dire les 4/10 de la longueur du diamètre, ce qui, d'après le tableau, correspond à 370 millièmes de litre.

Multipliant 660, nombre qui exprime la contenance, par 370, nombre des fractions de litre, le produit 244,2 signifie que le liquide contenu dans le tonneau est de 244 litres 2 décilitres.

La partie vide étant égale aux 6 dixièmes du diamètre du bouge, puisque 0,90 — 0,36 = 0,54, on opère pour cette partie vide comme on l'a fait pour le plein, afin d'en trouver la capacité.

D'après le tableau, 630 millièmes de litre correspondant à 6 dixièmes du diamètre du bouge, en multipliant 660, contenance du tonneau, par 630, nombre des millièmes du litre, le produit 415,8 indique que la partie vide a une capacité de 415 litres 8 décilitres.

Or, d'une part, on a trouvé 244 litres 2 décilitres

pour le liquide encore contenu dans le tonneau, et, d'autre part, on trouve 415 litres 8 décilitres pour la capacité de la partie vide ; ajoutant les deux nombres, on trouve 660 litres pour la contenance entière du tonneau, ce qui prouve l'exactitude de la méthode.

2. *Deuxième méthode*.

Le tonneau étant placé bien horizontalement, on introduit par le bondon, et dans une direction perpendiculaire à l'axe, une sonde ou même une baguette, dont la partie mouillée indiquera la hauteur du liquide, et la partie non mouillée fera connaître la hauteur du vide.

Si le plein excède la moitié du tonneau, la capacité du vide pourra être considérée comme égale au produit de la surface d'un cercle qui aurait pour diamètre une fois et demie la perpendiculaire menée du centre du bondon au plein, multiplié par la longueur intérieure du tonneau.

Dans le cas où le plan qui sépare le vide du plein serait à peu près à la hauteur des diamètres verticaux des fonds, on pourrait considérer ce vide comme une portion d'ellipsoïde, dont le volume serait égal au produit de la longueur intérieure par la surface d'un cercle qui aurait pour diamètre la distance du centre du bondon au plein, plus les deux tiers de cette hauteur, ou plus les trois quarts de cette hauteur, si le plan avait atteint cette extrémité.

Pour terminer, nous donnerons la solution d'un problème qui se présente à chaque instant.

On veut savoir la quantité de vin nécessaire pour achever de remplir un tonneau qui, couché horizontalement, a les dimensions suivantes :

Diamètre du bouge, 88 centimètres;
Diamètre du fond, 76 centimètres;
Longueur intérieure, 116 centimètres;
Hauteur du plein, 60 centimètres.

A la hauteur du vide, qui est 28 (88—60), ajoutez la moitié de cette même hauteur, c'est-à-dire 14, ce qui donnera 42.

Cherchez alors la circonférence d'un cercle qui aurait 42 centimètres de diamètre.

Cette circonférence étant de 132 centimètres, multipliez-la par 10,5 — quart du diamètre; — vous aurez au produit le nombre 1386 qui exprimera des centimètres carrés, et qui, multiplié à son tour par 116, longueur du tonneau, donnera pour résultat final un nombre 160, qui indiquera, en litres, la quantité de liquide qu'on veut connaître.

FIN.

TABLE DES MATIÈRES

Pages.

Introduction..   1

PREMIÈRE PARTIE.

BOIS EMPLOYÉS DANS LA TONNELLERIE.

Chapitre I. Merrains.   5
  § 1. Notions générales.   5
  § 2. Desséchement du bois. 17
  § 3. Conservation du bois. 26
Chapitre II. Cercles et Cerceaux. 27
Chapitre III. Osier. 30

DEUXIÈME PARTIE.

L'ATELIER ET L'OUTILLAGE.

Chapitre I. Atelier. 32
Chapitre II. Outillage. 33
  § 1. Outils servant à assurer et soutenir les pièces
      à travailler. 34
    1. Chevalet ou Selle à tailler. 34
    2. Ecorchoir ou Ecorçoir. 39
    3. Selle ou Chaise à rogner. 40
    4. Billot, Charpi, Tronchet ou Bûchoir.. . . . 43
    5. Sergent ou Serre–joint. 45
  § 2. Outils servant à débiter. 46
    1. Scie à débiter. 46

2. Scie à chantourner ou Feuillet.   48

3. Scie à guichet ou Passe-Partout.   50

4. Coutre, Mailloche.   53

§ 3. Outils servant à dresser, planer et corroyer.   53

    1. Colombe.   54

    2. Doloire.   55

    3. Plane.   58

    4. Varlope.   60

    5. Riflard.   63

    6. Rabot.   64

§ 4. Outils servant à creuser.   69

    1. Asse, Asseau, Assette ou Essette. 69

    2. Paroir.   71

    3. Jabloir.   71

    4. Ciseau.   73

    5. Gouge.   75

    6. Maillet.   77

§ 5. Outils à percer.   81

    1. Vrille.   81

    2. Tarière.   81

    3. Vilebrequin.   82

    4. Vrille à barrer ou Barroir. 84

    5. Bondonnière.   85

    6. Râpe à bois.   89

§ 6. Instruments servant à mesurer.   90

    1. Mètre.   90

    2. Compas de division. 92

    3. Compas à calibrer ou Maître à danser. . . . 93

§ 7. Instruments servant à tracer.   94

    1. Règle.   94

    2. Equerre.   95

3. Compas à pointes changeantes. 96

4. Compas du tonnelier. 96

5. Compas à tracer. 97

6. Compas à verge ou Grand Trusquin. . . . 98

7. Calibres, Crochets, Panneaux, Patrons, Clés. 100

§ 8. Outils servant à assembler. 101

1. Cercles. 101

2. Bâtissoir ou Etreignoir. 101

3. Chassoir ou Chasses. 103

4. Tiretoir ou Tire à cercles. 104

5. Utinet. 106

6. Etanchoir. 106

7. Tire-fond. 107

§ 9. Outils propres à divers usages. 107

1. Grippe-talus. 107

2. Dévertagoir. 108

3. Goujonnoir. 108

4. Rouanne. 109

5. Cochoire ou Serpe. 110

6. Cerceaux de sûreté. 111

TROISIÈME PARTIE.

NOTIONS DE GÉOMÉTRIE ET OPÉRATIONS GRAPHIQUES.

CHAPITRE I. Notions de géométrie. 113

Première section. Simples définitions. 113

1° Volume et Surface. 113

2° Ligne et Point. 113

3° Différentes sortes de lignes. 114

4° Circonférence et Ellipse. 118

A. Circonférence. 118

B. Ellipse. 120

5° Plans.............................. 120
6° Angles........................... 121
7° Figures polygonales.............. 124
8° Figures inscrites, figures circonscrites... 128
9° Polyèdres........................ 128
10° Corps ronds..................... 132

Deuxième section. Procédés de mesurage...... 134

§ 1. Mesurage des longueurs.............. 134
  1. Lignes droites................... 134
  2. Lignes courbes.................. 134
  3. Circonférence................... 135

§ 2. Mesurage des surfaces.............. 135
  1. Carré et Rectangle.............. 135
  2. Parallélogramme................ 136
  3. Trapèze........................ 137
  4. Triangle....................... 137
  5. Polygones...................... 138
  6. Cercle......................... 138

§ 3. Mesurage des volumes.............. 139
  1. Corps cubiques................. 139
  2. Prisme droit................... 139
  3. Cylindre....................... 140
  4. Cône........................... 141
  5. Cône tronqué................... 141

CHAPITRE II. Exercices graphiques........... 142
  1. Tracer une ligne droite........... 142
  2. Construire un angle égal à un angle donné. . 143
  3. Par un point donné hors d'une droite, mener
    une parallèle à cette droite........ 144
  4. Diviser une droite en deux parties égales. . 145
  5. Diviser un arc ou un angle donné en deux
    parties égales.................... 146

6. En un point donné d'une droite élever une perpendiculaire à cette droite. 147

7. Élever une perpendiculaire à l'extrémité d'une droite qu'on ne puisse prolonger. 147

8. Tracer une circonférence de cercle. 148

9. Tracer une circonférence qui passe par trois points donnés. 148

10. Une circonférence étant donnée, en trouver le centre. 149

11. Trouver le centre d'un triangle. 150

12. Faire un triangle équilatéral. 150

13. Faire un triangle isocèle. 151

14. Faire un triangle rectangle. 151

15. Faire un triangle rectangle isocèle dont la base horizontale soit l'hypoténuse. 151

16. Faire un carré. 151

17. Faire un rectangle. 152

18. Faire un parallélogramme. 152

19. Faire un losange. 153

20. Faire une ellipse. 153

QUATRIÈME PARTIE.

FABRICATION.

CHAPITRE I. Formes et dimensions des futailles. . . 160

Première section. Futailles ordinaires. 160

Deuxième section. Futailles métriques. 164

CHAPITRE II. Futailles ordinaires.. 171

Première section. Préparation du bois. 171

Deuxième section. Montage des tonneaux. 182

Troisième section. Parage, chanfreinage, rognage des douves, jablage. 187

Quatrième section. Fonçage. 193

Cinquième section. Barrage. 202

Sixième section. Cerclage. 207

Septième section. Reliage. 214

Huitième section. Réparations diverses. 215

CHAPITRE II. Cuves, Foudres et autres objets de tonnellerie. 219

Première section. Cuves et Foudres. 219

§ 1. Cuves. 219

§ 2. Foudres. 225

§ 3. Objets divers. 228

1. Baignoires. 228

2. Brocs. 230

3. Bidons. 235

4. Bouées. 235

CINQUIÈME PARTIE.

FABRICATION MÉCANIQUE.

§ 1. Machines David. 239

§ 2. Machines de Coster et Lespès. 263

§ 3. Machines Rosenborg. 268

§ 4. Machines Livermore. 271

§ 5. Machines Taylor. 276

§ 6. Machines Collyer. 280

§ 7. Machine Lavaud. 285

Observations sur la tonnellerie métallique. . . . 287

SIXIÈME PARTIE.

JAUGEAGE DES TONNEAUX.

Notions préliminaires. 291

PREMIÈRE PARTIE. Dépotage. 292

DEUXIÈME PARTIE. Jaugeage. 294

§ 1. Jaugeage par le calcul. 294

    1. Première méthode. 295

    2. Deuxième méthode. 297

§ 2. Jaugeage par les instruments. 301

    1. Velte. 301

    2. Jauge à crochet. 303

    3. Jauge à ruban.. 304

    4. Jauge Pellevilain.. 305

TROISIÈME PARTIE. Pesage. 306

QUATRIÈME PARTIE. Tonneaux en vidange. Manquants. 308

    1. Première méthode. 308

    2. Deuxième méthode.. 310

FIN DE LA TABLE DES MATIÈRES.

BAR-SUR-SEINE. — IMP. SAILLARD.

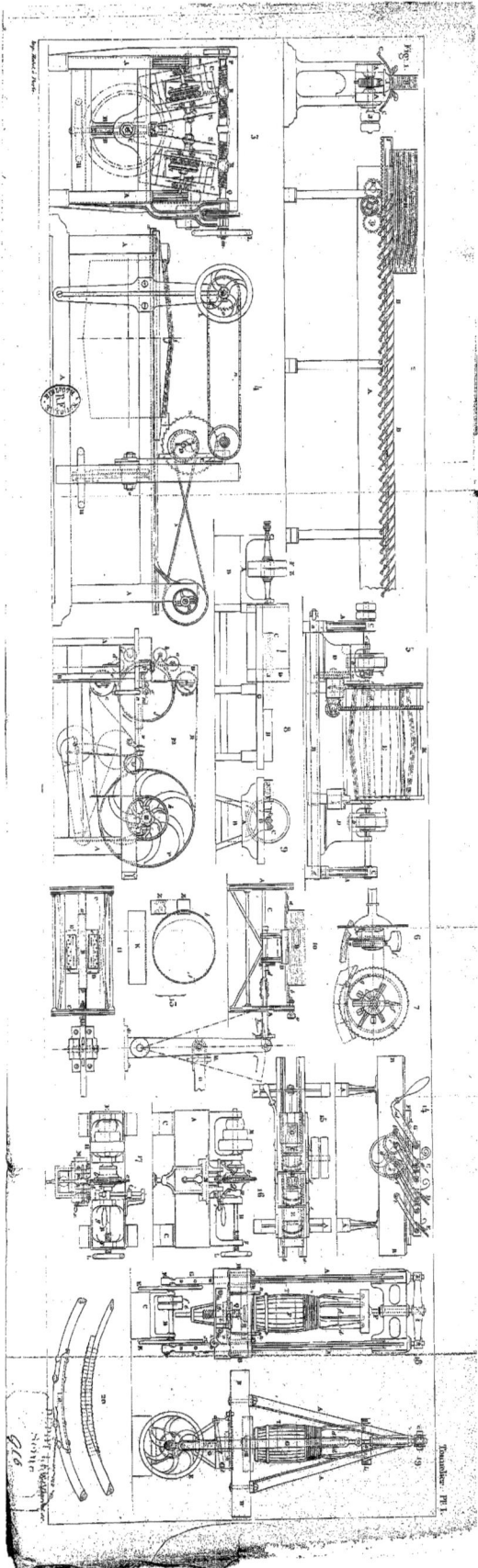

Fig. 1.

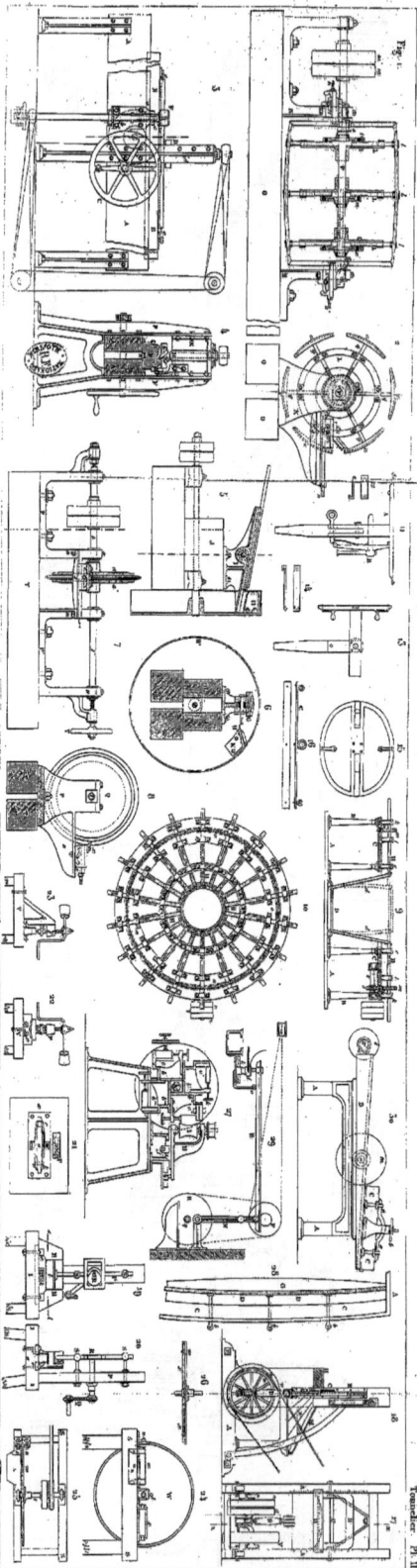

Fig. 1.

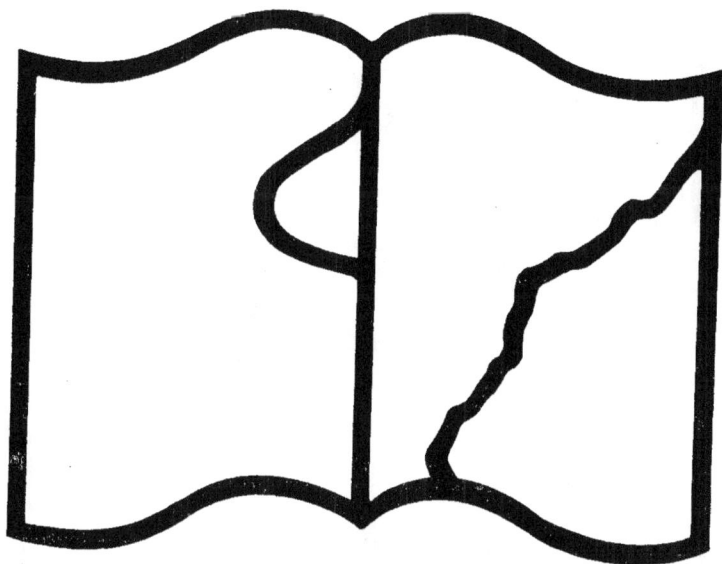

Texte détérioré — reliure défectueuse

NF Z 43-120-11

Contraste insuffisant

NF Z 43-120-14